Mycosphere

일러두기

- 책은『 』, 시는「 」, 신문과 잡지, 학술지는《 》, 그림과 영화는〈 〉로 구분했다.
- 외래어는 국립국어원의 외래어 표기 규정을 따랐다. 일부 용어는 관습적 표현과 원어 발음을 감안해 표기했다.
- 생물학 용어는 한국미생물학회의 '미생물학 용어집'(2021년) 을 참고했다. 외래어 표기와 띄어쓰기는 일부 조정했다.
- 생물의 종 표기는 '국가생물종지식정보시스템'(http://www.nature.go.kr)에 등재된 이름을 이용했고, 없는 경우에는 소리 나는 대로 적었다.
- 용어, 지명, 인명의 원어 표기는 찾아보기에서 확인할 수 있다.

마이코스피어
MYCOSPHERE

우리 옆의 보이지 않는 거대한 이웃, 곰팡이 세상

박현숙 지음

계단

prologue

우연한 만남

"나이 서른에 우린 어디에 있을까, 어느 곳에 어떤 얼굴로 서 있을까, 나이 서른에 우린 무엇을 사랑하게 될까, 젊은 날의 높은 꿈이 부끄럽지 않을까 …." 이십 대의 나는 미래를 꿈꾸며 이 노래를 즐겨 불렀다. 물론 그때의 나는 사십 대에 미생물학자가 되어 있을 거라고는 상상조차 하지 않았다.

생물학 공부를 시작한 지 꼭 삼십 년이 지났다. 문득 '어쩌다 미생물학자의 길에 들어서게 됐을까' 생각해 본다. 돌이켜 보면 나는 미생물학자가 될 운명도 아니었고, 특별한 재능이 있어서 여기까지 온 것도 아닌 것 같다. 우리가 흔히 들었던 위대한 과학자의 운명 같은 특별한 경험보다는 어쩌다 마주친 겹겹의 우연이 나를 이곳에 데려다 놓은 게 아닌가 싶다. 그저 매 순간 내 앞에 놓인 두 갈래의 길 중에 어느 한 길을 선택해 걷다 보니 그 결과가 하나둘 쌓이고 쌓였다. 그래서 거장들이 말하는 '과학자가 되려면, 혹은 생물학자가 되려면, 이렇게 저렇게 해야 한다'라는 충고에 딱히 덧붙일 만한 이야기는 없다. 하지만 그래도 지극히 개인적인, 아니 어쩌면 다소 꼰대 같기도 한 옛이야기를 이 자리에서 풀어 놓는 이유는 미생물학자인 엄마를 이상한 공부벌레 취급하는 사춘기의 두 딸과 그 또래들에게 우리 일상에서 만나는 작은 인연을 무심히 넘기지 않고 자세히 볼 수 있으면 누구든 미생물학자가 될 수 있다는 이야기를 하고 싶기 때문이다.

해부학 수업의 추억

어느덧 대학교 4학년 때의 일이다. 생물학과의 전공 필수 과목 중에 동물 해부학 실습이라는 것이 있다. 이름 그대로 동물의 몸을 부위별로 잘라 관찰하는 것이다. 처음에는 물고기와 오징어, 개구리를 해부했다. 신나고 유쾌한 일이었다고까지는 말할 수 없어도, 배를 갈라 내장을 잘 보이게 헤집고 장기를 하나씩 들어 올려 관찰하고는 꼼꼼히 스케치하는 것 모두 다 기꺼이 할 만했다. 그런데 문제는 척추동물로 실습 대상이 바뀌면서 생쥐를 해부하게 되면서부터였다. 해부 과정은 이랬다. 먼저 마취약이 스민 솜을 생쥐의 코에 갖다 대 기절시키고 해부판 위에 몸체를 고정했다. 가녀린 쥐의 네 발바닥에 해부용 핀을 꾹 찌르면 '으드득' 소리가 난다. 고대 역사에서 가장 끔찍한 형벌이었다는 십자가형에서 사람의 팔다리를 십자가에 박을 때도 이런 소리가 나지 않았을까? 이제 생쥐의 배 아래쪽 복강에 뾰족한 가윗날을 찔러 넣고, 핀셋으로 뱃가죽을 들면서 사각사각 자르면, 음식으로 가득 찬 내장이 보인다. 내장 위에 간과 허파가 있고, 갈비뼈 한 가운데에는 심장이 콩콩 뛰고 있다. 나는 생쥐의 내장을 쳐다보고는 징그럽고 비릿한 냄새에 입을 틀어막고 실험대 뒤편으로 멀찍이 물러났다.

얼마 후 해부학 수업의 백미라는 토끼 해부 시간이 닥쳤다. 의대가 아니라서 인간 사체 해부를 하지 않는 것이 얼마나 다행인지! 실험실 문을 들어서자 하얀 털에 빨간 눈이 초롱초롱한 토끼 여섯 마리가 눈에 들어왔다. 얌전히 앉아 입을 오물거리는 모양이 참 귀여웠다. 곧 실습이 시작되었고, 조교는 마취약 묻힌 거즈를 토끼 입에 갖다 대라고 했다. 겁 없고 힘센 친구 하나가 한 손으로 귀를 잡고 다른 손으로는 엉덩이를 받쳐 철망에서 토끼를 꺼냈다. 다른 친구가 마취약 묻은 거즈를 토끼 입에 댔다. 토끼는 두어 번 숨을 내쉬고는 이내 끽끽 소리를 내며 발버둥치기 시작했다. 죽음의 공포 앞에 선 토끼의 몸부림은 애잔했다. 찰나의 순간이었지만 끔찍한 광경이었다. 토끼는 축 늘어졌고, 조교는 지체 없이 배를 가르라고 했다. 나는 생쥐보다 훨씬 큰 토끼의 배를 가르는 장면을 멀찍이서 지켜봤다. 칼이 배 위를 지날 때마다 피가 배어 나왔다. 이제 토끼 가죽을 벗기라고 했다. 친구들은 가죽을 벗기면서 '생각보다 잘 벗겨지네. 앙고라처럼 털이 보드랍구나'라고 재잘대며 킥킥댔다. 실험이 끝날 때쯤, 조교는 앞으로 이삼 주 정도 오늘 해부한 토끼를 보관했다가 기관과 조직을 마저 관찰할 거라고 지시했다. 토끼의 네 발을 한데 묶어 조 이름을 쓰고는 보존액이 담긴 큰 통에 토끼를 넣었다.

일주일 후 통을 열자 역한 비린내가 훅 끼쳤다. 나는 토하지 않으려고 입을 막았다. 그 뒤로 몇 주간 딱딱하게 굳은 토끼를 여기저기 칼로 저미며 몸의 형태와 구조를 관찰했다. 토끼는 점점 앙상해졌고, 나중에는 뼈만 남았다. 마지막 프로젝트는 토끼 뼈를 하나씩 발라낸 후 다시 짜 맞추는 것이었다. 조원 중에 토끼를 집으로 가져가려는 사람이 아무도 없었다. 하는 수 없이 기숙사에 살던 나와 동기가 토끼 삶는 일을 떠맡았다. 실험실에 있던 스테인리스 통 하나를 빌려 기숙사 뒷마당에서 휴대용 가스버너로 토끼를 삶기 시작했다. 상상할 수 없을 정도로 역한 냄새가 온 기숙사 정원에 퍼졌다. 학생들이 여기저기서 얼굴을 내밀었다. 민망하고 미안했다. 하지만 학점을 받으려면 어쩔 수 없었다. 토끼의 살이 흐물흐물해질 때까지 팔팔 끓여야 했다. 푹 삶긴 토끼를 꺼내 살을 바르니 닭백숙이 떠올랐다. 역한 냄새 때문에 자꾸 헛구역질이 났다. 그날 저녁 기숙사 식단은 오징어볶음이었다. 오징어의 비린내가 토끼 삶는 냄새와 겹쳐 저녁을 먹을 수가 없었다. 그날 밤 토끼 뼈를 맞추고 투명 매니큐어 칠을 하면서, 그럴 일은 없겠지만 앞으로 어쩌다 내가 생물학 공부를 하더라도 동물 연구는 절대 하지 않겠다고 다짐하고 또 다짐했다. 그때의 기억이 너무나도 생생해 그 후로 지금까지 백숙이나 삼계탕을 한 번도 먹지 않았다.

동물을 만지기 싫어서요

이공계 대학생을 종종 '단무지'라고 부른다. '단순'하고, '무식'하고, '지'는 대충 떠오르는 바로 그 말이다. 미생물학을 공부하게 된 계기는 다분히 단무지적인 나의 선택 때문이었다. 대학을 졸업

하던 1995년 무렵에는 생물학 전공으로 직업을 잡기가 쉽지 않았다. 진로 상담을 해 주는 사람도 없었고, 생물학 전공으로 무엇을 할 수 있는지 알아볼 방법도 많지 않았다. 운이 좋아 중고등학교 생물 선생님이 되거나, 일이 잘 풀려 제약회사 말단 연구원으로 취직하는 게 최선이라고 생각하던 시절이었다. 단짝 친구 한 명은 입사원서를 썼고, 다른 친구 하나는 교원 임용 시험을 준비했다. 몇몇은 대학원 석사 과정에 진학한다고 했다. 그 친구들은 용기 있게 교수님을 찾아가 연구실 선배의 잡일을 돕기 시작했다. 뭘 꼭 해야겠다는 생각도 없고 새로운 일을 시작해 봐야겠다는 자신감도 없던 나는 그들을 가만히 지켜보다 대학원에나 가야겠다고 마음먹었다. 정말 단순하게, 학생이 많이 몰리지 않고 동물 실험을 하지 않는 전공이면 좋겠다는 생각뿐이었다.

마침 2학년 때 표본 정리를 잠시 도와 드렸던 동물 분류학 교수님이 새로 임용된 교수님이 실험을 도와 줄 학생을 찾고 있다며 한번 찾아가 보라고 했다. 그렇게 얼결에 만난 젊은 교수님은 효모 유전학 연구를 하는 분이었다. 대학 4년 동안 생물학을 배웠다고는 하지만, 효모가 유성생식을 하는 곰팡이라는 것도, 효모 유전학이라는 학문이 있다는 것도 당시에는 전혀 몰랐다. 생물학 전공이라고 하기에는 무식하기 짝이 없었다. 교수님을 찾아가 인사를 드리자 대뜸 왜 미생물학을 공부하고 싶냐는 질문이 날아왔다. 내 입에서는 별생각 없이 "동물을 만지기 싫어서요"라는 말이 튀어나왔다. 내가 교수였다면, '얘는 뽑으면 안 되겠네'라고 단박에 내칠 만큼 성의 없는 답이었다. 그런데 웬걸 내 솔직함이 교수님 마음에 들었던 걸까? 자신도 비슷한 이유로 미생물학을 시작했다면서, 오히려 함께 공부해 보지 않겠냐고 제안을 해주셨다. 이런 우연한 만남으로, 생물학에 대한 작은 기대와 졸업 후 갈 곳이 생겼다는 잠깐의 안도감을 안고 연구실 생활을 시작했다. 그렇게 나는 분자생물학이라는 신세계에 들어섰다.

실험실 경험이 전혀 없던 나에게 효모 유전학 연구실은 장난감 같은 아기자기한 도구와 시약이 가득한 놀이터였다. 마치 요리사 보조가 최고급 식당의 주방에 들어선 느낌이라고나 할까? 미국에서 효모의 세포벽 연구만 십 년 넘게 하다가 모교로 돌아온 지도 교수에게 다양한 분자생물학 실험 방법을 하나하나 배웠다. 그때만 해도 한국에서 대학원생이 된다는 것은 실험과 연구 외에 해야 할 잡일이 어마어마하게 많다는 것을 미처 모르고 있었다. '선배 언니들'이 잘 정리해 놓은 연구실 실험 노트나 업무 매뉴얼이 있을 리 없는 연구실에서 석사 과정 새내기가 물건을 주문하고, 영수증 처리를 하고, 학과 잡일까지 해야 했으니, 그야말로 하루하루가 맨땅에 헤딩이었다.

그렇게 조금씩 단련되다 보니 시간은 흘러 흘러 석사 학위를 받게 되었다. 그리고 바로 IMF가 터졌다. 취직의 길은 더욱 멀어졌다. 유학을 하기도 막막했다. 지도 교수님은 박사 과정을 제안했다. 그렇게 같은 연구실에서 4년 반을 더 보내고 나는 국내 박사라는 꼬리표를 달았다. 2000년대 초반에 국내 박사가 갈 수 있는 직장은 많지 않았다. 당시 정부에서는 BK21(Brain Korea, 두뇌한국21) 사업을 확대하면서 대학마다 박사 육성 지원 프로그램을 대대적으로 펼치고 있었고, 이제는 국내 대학의 대학원도 활성화되어 국내 박사의 경쟁력이 상당히 높아졌다고 대대적으로 선전하고 있었다. 하지만 학교와 연구소, 심지어는 회사에서도 외국 박사를 선호했고, 국내 박사는 공공연하게 차별받고 있었다. 운이 좋으면 대학 연구소나 제약회사의 연구원이 되는 정도였다. 나는 박사 학위를 받을 때까지 '국내 박사'라는 꼬리표가 내 발목을 잡을 거라고는 생각조차 하지 못했다.

국내 박사라는 꼬리표를 떼는 길은 외국의 유명 대학 연구실에서 박사후연구원으로 연구 실적을 쌓는 것이 가장 좋았다. 다행히도 미국 UCLA의 병원성 곰팡이 연구 그룹에서 박사후연구원 초청을 받을 수 있었다. 말이 좋아 초청이지, 미국에서든 한국에서든 일명 '포닥postdoctoral fellowship'이라 불리는 박사후연구원은 최저 생계비를 받으며 하루 종일 일을 하는 일용직 노동자와 크게 다르지 않다. 그럼에도 나를 필요로 하는 누군가가 존재한다는 사실에 신이 나고 가슴이 뛰는 것은 어쩔 수 없었다. 어떤 어려움이 펼쳐질지, 맨땅에 헤딩을 얼마나 해야 할지 따위는 두렵지 않았다. 무식하면 용감하다는 말도 있지 않은가? 비행기 창 밖으로 펼쳐진 흰 구름을 보며 미국에서 앞으로 딱 삼 년 열심히 일해서 기필코 우수한 논문을 들고 금의환향하리라 마음먹었다. 그때만 해도 어쩌다 시작한 곰팡이 연구가 평생을 함께 할 주제가 될 것이라고는 꿈에도 몰랐다. 곰팡이 연구실에 있으면서 암이나 면역학 연구실 채용 공고를 호시탐탐 뒤적인 적도 있었다. 만약 그때 다른 기회를 잡았다면, 지금은 다른 어느 곳에선가 항암제를 개발하거나, 요즘 같은 시절이라면 백신 개발이라도 하고 있을지 모를 일이다.

맨 땅에 헤딩하던 기억

나의 미국 생활을 한마디로 요약하면, 꼭 〈미생〉의 장그래 같았다. 장그래라는 '듣보잡(듣지도 보지도 못한 잡놈)'이 회사에 낙하산 인턴으로 내려와 단기 계약직 직원으로 쩔쩔매는 광경은, 낯선 미국에서 맨땅에 헤딩하던 나의 모습 바로 그 자체였다. 우리에게는 익숙하지만 장그래에게는 낯선 이방인의 사회인 회사, 그가 회사문을 처음 밀고 들어올 때의 장면이, 커다란 이민 가방 두 개를 들고 LA 공항에 내릴 때의 내 모습과 겹쳐졌다. 남들에게는 그렇게도 흔한 미국에 사는 이모, 고모, 하다못해 사돈의 팔촌조차 없던 나를 마중 나온 사람은 전화 인터뷰로 나를 채용한 지도 교수였다. 생전 처음 보는 키 큰 미국 아저씨가 가슴에 내 이름이 적힌 종이를 들고 우두커니 서 있었다. 햇살은 왜 그렇게 밝고, 공항은 또 왜 그렇게 회색인지. 그가 운전하는 차를 타고 옆 자리에 앉아 연구소로 향하는 나는 정말이지 꽁꽁 얼어 있었다. 아버지의 허름한 양복을 입고 어느 것 하나 자신과 어울리지 않는 사무실 풍경에 낯설어하던 장그래가 그랬던 것처럼 말이다.

연구소에 도착해서 함께 일할 사람들과 인사할 때의 어색함이란 …. 아마도 그들에게 미국이 아닌 다른 곳에서 공부한, 그리고 어쩌다 미국의 대학 연구실에 취직한 자그마한 동양 여자는, 그야말로 고졸에 내세울 스펙도 없던 장그래처럼 '듣보잡'이었을 것이다. 장그래처럼 나도 참 소심한 사람이었다. 속사포처럼 쏘아대는 그들의 말을 못 알아들어도 다시 말해 달라는 말 한마디 못했고, 도와달라고 그렇게 말하고 싶었지만 입안에서만 뱅뱅 돌 뿐 선뜻 작은 부탁 하나 꺼내지 못했다. 간단하게 처리할 수 있는 일을 몇 날 며칠을 혼자 싸안고 있던 적도 있었다.

언어의 장벽을 넘어 나의 존재를 증명할 수 있는 방법은 단 하나, 실험 데이터를 보여 주는 것뿐이었다. 주말이면 아무도 없는 연구실에 출근해서, 세포를 키우고, 실험을 하고, 논문을 읽고, 논문을 썼다. 2년쯤 지나자 지도 교수가 내 책상에 머무는 시간이 길어졌다. 연구 결과를 함께 분석하고 앞으로 어떤 실험을 할지 계획하는 시간이 즐거웠다. 누군가에게 인정받는 연구원이 되면서, 내 자신이 그들의 울타리 안쪽으로 살그머니 들어간 듯한 기분도 들었다. 학회에 참석해서 "나는 필러 랩Scott Filler's Lab의 아무개야"라고 소개할 때면, 지도 교수 이름 덕에 내 어깨도 으쓱하곤 했다. 굳이 한국으로 돌아가지 않아도 지도 교수와 함께 연구를 하며 나만의 작은 연구실을 열 수도 있겠다는 기대가 생겼다.

그런데 어쩌다 만난 우연이 또 다른 길로 나를 인도했다. 바로 옆 연구실의 동료가 주립대학 교수 채용 공고를 들고 왔다. 설마 미국에서 교육받지도 않은 나 같은 사람을 교수로 채용하겠냐는 의심이 한가득했지만, 그래도 연습 삼아 한번 해보자는 생각에 주섬주섬 서류를 챙기고 지원서를 작성했다. 인터뷰에 뽑히기만 해도 좋은 인생 경험을 할 테니 손해 볼 건 없다는 생각이었다. 그런데 여섯 명을 뽑는다는 전화 인터뷰를 통과했고, 얼마 후에는 최종 후보 세 명 중 한 사람이라면서 캠퍼스 인터뷰에까지 초대받게 되었다. 전혀 예상 못한 뜻밖의 일이었다. 이틀에 걸쳐 연구 결과를 발표하고, 모의 수업을 진행하고, 삼십 분 단위로 다양한 분야와 직책의 사람을 만나 인터뷰를 몇 차례나 하고, 결국에는 저녁 식사까지 이어지는 피 말리는 채용 과정을 경험했다. 밥을 먹으며 얘기했던 "어떤 영화를 좋아하세요" 혹은 "요즘 어떤 책을 읽었어요"라는 가벼운 질문마저도 인터뷰의 일부였다는 것은 임용되고 한참 후에 신임 교수 채용위원회 일을 하면서 알게 되었다. 인터뷰를 마치고 돌아오니 지도 교수님은 빡빡한 미국식 채용 인터뷰를 경험하느라 수고했다는 따뜻한 말로 나를 반겨 주었고, 이제 프로젝트 계획서 열심히 써서 연구비를 따 보자는 말로 나를 위로했다.

그런데 모두의 예상과 달리 내게 합격의 이메일이 날아왔다. 미국의 대학 시스템을 한 번도 경험해 보지 않았던 나에게 미국 대학의 교수로 임용되었다는 소식은 기쁨만큼이나 커다란 두려움이었다. 하지만 다시 한번 선택의 기로에 선 '단무지'의 발걸음은 역시나 단순했다. 한국에서 미국으로도 왔는데, 미국에서 다른 직장도 별거 있겠냐는 생각으로 덜컥 교수 일을 시작했다. 하지만 외국인이 미국에서 교수로 살아남는다는 것은, 연구원으로 고생한 것은 새 발의 피였다는 생각이 들 만큼 힘들고 고통스러운 일이었다. 영어로 강의 한 번 들어 보지 못한 외국인이 미국 학생들 앞에서 한 학기에 세 과목을 강의해야 한다는 것만으로도 늘 명치끝이 답답했다. 한 시간 강의를 준비하려면 보통 대여섯 시간 책을 읽고 논문을 찾아야 했다. 교수 임용 후 몇 년간은 숱한 밤을 자정을 넘겨 일하며 그 어느 때보다 열심히 공부했다. 그렇게 준비를 하고도 강의실에 들어설 때면 쿵쿵대는 심장을 다잡아야 했다. 학생들이 고개를 갸웃거리거나 뭔가 질문을 꺼낼 때면 내가 뭘 잘못 말했나 주눅이 들기 일쑤였고, 교수 회의 시간은 늘 가시방석에 앉은 기분이었다. 다른 교수들은 큰 힘 들이지 않고 여유롭게 하는 일을 나만 억지로 꾸역꾸역 버티는 느낌이었다.

그렇게 외국인 교수로 이리저리 치이다 보니, 사람들과의 관계에서 부대끼는 것이 버거웠다. 그럴 때면 나는 나만의 동굴로 들어가 숨곤 했다. 실험실의 벤치와 책상이, 신혼집의 작은 부엌이 내 동굴이 되어 주곤 했다. 무거운 문을 닫아걸고 연구실에 혼자 앉아 우울한 마음을 다스리는 시간이 많았다. 상상의 공간을 여행하는 안락한 기분을 동굴에서 맛보는 자유라고 위안 삼곤 했다. '누구의 도움도 받지 않고 혼자 다 해낼 수 있어'라고 생각하며 스스로를 동굴에 가두고, 어서 한국으로 돌아가게 되길 바라며 하루하루를 지냈던 것 같다.

그런데 문득 어느 날, 주위를 돌아보니 나는 그냥 동굴 속에서 무언가를 해보려고 혼자 낑낑대는 작은 미물일 뿐이었다. 이런 나를 동굴 밖으로 끌어낸 것은 바로 이방인인 나를 '우리'라는 울타리 안으로 이끈 관계들이었다. '나는 이곳에 어울리지 않는 사람이야'라고 자책하며 혼자 먼 산을 바라보던 이방인의 아픔에 공감하고 위로해 주던 따뜻한 동료 교수들, 같은 꿈을 꾸며 함께 연구하는 과학자 커뮤니티의 친구들, 가치와 문제 의식을 공유하는 이웃과 공동체의 구성원들, 이런 사람들과의 관계가 시작되면서 나는 동굴에서 벗어나 낯선 곳에서 살아갈 힘을 얻을 수 있었다.

'여성 과학자'라는 꼬리표

돌이켜 보면 미생물학자로서의 삶은 결코 녹록치 않았다. 실적에 연연하고 돈이나 벌 생각이었다면 아마 여기까지 못 왔을지도 모른다. 그저 '단무지'였기 때문에, 그냥 우연히 접한 미생물에 대한 호기심 때문에, 그리고 그 세계를 찾아가는 여행의 재미에 빠져 정신없이 달려왔다.

나는 강의실과 연구실 밖에서는 아이 둘을 키우는 보통 아줌마다. 사람들은 가정과 일, 두 마리 토끼를 다 잡은 슈퍼우먼이라고 나를 치켜세우지만, 속으로는 둘 다 제대로 해내지 못했다는 자괴감에 늘 드글드글 끓고 있다. 지난 2017년 대통령 선거에서 여러 후보의 공약을 띄엄띄엄 보다가 '슈퍼우먼 방지법'이라는 공약을 보고 가슴이 뭉클했던 것도 아마 워킹맘으로 살면서 시달리고 있는 '슈퍼맘 콤플렉스' 때문이었을 것이다. 일도 잘하고 싶고, 아이도 잘 돌보고 싶은 마음에 쉴 새 없이 달리다가 방전된 적도 있었다. 아이들과 많은 시간을 보내지도 못했고, 다른 엄마들은 꼭 참석하는 학교 행사도 띄엄띄엄 갈 수밖에 없었다. 아이늘이 바쁜 엄마 눈치를 보며 뭔가 바라는 게 있어도 끝내 말하지 않는 눈빛을 읽을 때면 또 한없이 미안했다.

엄마가 되고 두 딸을 키우면서 짬짬이 신기한 미생물 이야기를 들려줘 본다. 그럴 때마다 아이들은 "엄마는 또 미생물 이야기야"라고 웃으며 놀려 댄다. 그럼에도 이런 이야기를 계속하는 이유는, 가끔씩 흘려듣는 이야기에서라도 아이들이 미생물의 소중함을 발견하게 되길, 그리고 생명을 가진 모든 것과 더불어 사는 삶을 배우길 바라는 마음 때문이다.

되돌아보면 중고등학교 시절, 그리고 대학에서 생물학을 공부할 때, 생명체가 서로 부대끼고 어우러지는 모습을 조금이라도 일찍 배우고 생각해보지 못했던 것이 두고두고 아쉽다. 신비로운 미생물 세상을 조금이라도 일찍 알았다면, 단순히 직업으로서의 연구가 아니라 새로운 세계를 탐험하는 재미에 빠져 좀 더 신나고 즐겁게 일하지 않았을까? 그래서 나는 미생물학 수업 시간마다 위대한 미생물 세상 이야기를 조금이라도 더 전파하려고 애쓴다. 너희들이 만약 미생물이라면 어떻게 할 것 같니? 이런 질문도 종종 던진다. 물론 학생들은 어이없어하며 웃는다. 우리 딸이 곧잘 하는 말처럼 나만 미생물에 사로잡힌 '별종nerd'인 건가? 하지만 그런 노력 덕분인지 학기 말이면 종종 학생들에게, "교수님 덕에 신기한 미생물의 세계를 알게 되어서 감사합니다", "이제 전공을 미생물학으로 바꾸려고 합니다" 같은 이메일을 받곤 한다. 어쨌든 나의 우스꽝스러운 원맨쇼 덕분에 학생들이 미생물의 세계에 조금이라도 눈을 뜨게 된다는 것은 참으로 고맙고 뿌듯한 일이다. 그러면서도 늘 머릿속을 떠나지 않는 고민이 있다. 과학도가 되겠다는 부푼 꿈을 안고 이제 막 생물학의 해변에 발을 담근 사람에게 나는 어떤 이야기를 해 줄 수 있을까? 내가 자주 쓰는 이런 말 저런 말이 하나둘 떠오르기 시작한다.

누구도 섬이 아니다

사방이 바다로 둘러싸여 육지와 외따로 떠 있는 섬, 등을 보이고 먼 산을 바라보며 홀로 서 있는 사람, 이들이 다 같이 안고 있는 고민은 바로 '관계'다. 어쩌면 생명의 본능에는 '관계'에 대한 갈망이 태초부터 프로그래밍 되어 있는지도 모르겠다. 잠시 하던 일을 멈추고 주위를 둘러보면 가족, 친구, 동료, 이웃은 물론이고 정원과 호수, 하늘과 바다를 비롯한 모든 곳에 다양한 방식으로 얽혀 살아가는 갖가지 생물의 공생을 볼 수 있다. 생물이 서로 관계를 맺는 방식도 우리가 살면서 맺는 인간 관계와 크게 다르지 않다.

"더불어 사는 삶, 공생." 가만히 소리 내어 읽는 것만으로도 가슴이 포근해지는 말이다. 이방인에 둘러싸여 혼자 고민한 시간이 많아 그 말의 울림이 더 큰지도 모르겠다. '공생symbiosis'은 '함께'를 뜻하는 'sym'과 '삶'을 뜻하는 'bio'가 합쳐진 말이다. '공생共生'의 한자어 '共' 역시 두 사람이 손을 맞잡고 물건을 들고 있는 모양을 따서 지어졌다고 한다. 역시 두 사람의 관계를 형상화하고 있다. 공생, 공존, 공감처럼 '공'이란 글자가 들어간 단어는 결국 우리들 사이의 관계에서 일어나는 모든 일과 관련이 있다. 생물학에서 이야기하는 공생도 같은 환경을 공유하는 생물들이 서로 영향을 주고받는 관계를 뜻한다. 우리의 삶을 이해하는 열쇠는 바로 이렇게 우리와 함께 하는 생물들 간의 관계를 밝히는 과정에서 찾을 수 있을 것이다.

살아온 날의 반 이상을 곰팡이와 함께 했지만 생물학을 공부하고 한참이 지나서야 나는 보이지 않는 세계의 소중함을 알게 되었다. 지금 생각해 보면, 인간의 몸에 살면서 이롭게도 혹은 해롭게도 변할 수 있는 곰팡이를 연구하며 조금씩 곰팡이의 입장에서 세상을 바라보게 된 것 같다. 도대체 이 작은 녀석이 우리와 어떤 방식으로 대화하기에 우리의 몸 상태가 바뀌는 것을 바로 알아차리고 즉각적으로 적응할 수 있는 걸까? 또 이 녀석들은 같은 자리에 살고 있는 다른 미생물과는 어떤 관계를 유지하며 공존하는 걸까? 작은 곰팡이에 대한 경이로움이 조금씩 자라났다. 그리고 "살아 있는 모든 것은 어떤 식으로든 관계를 맺으며 삶의 방식을 정한다"는 단순한 사실이 모든 생명 현상의 비밀을 푸는 열쇠라는 것을 깨달았다. 처음에는 곰팡이 하나만 보였지만, 시간이 지나고 나니 곰팡이와 사람의 관계로 시야가 넓어졌고, 조금 더 깊이 파고들다 보니 곰팡이와 관계를 맺은 무수한 생물과 함께 그동안 알지 못했던 위대한 곰팡이의 세상이 보였다. 그들은 모두 한데 어울려 살고 있었다! 그들의 세상, 그들의 삶을 여러 사람과 나누고 싶은 바람을 담아 이 책을 쓰기 시작했다. 생태계의 여러 생물과 맺는 다양한 관계 속에서 가열차게 살아가는 은밀하고 위대한 곰팡이의 이야기를 독자들과 나누고 싶다.

차례

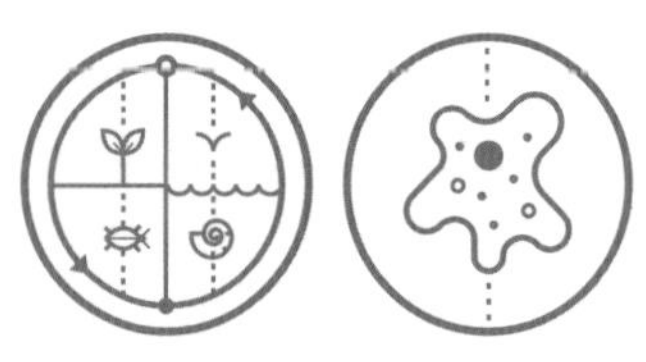

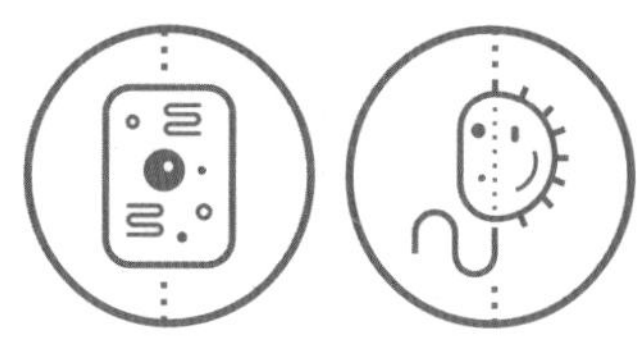

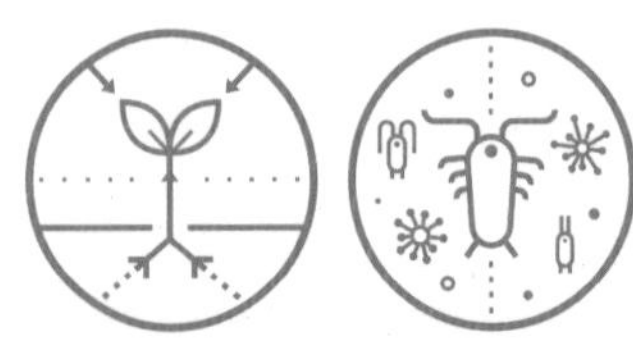

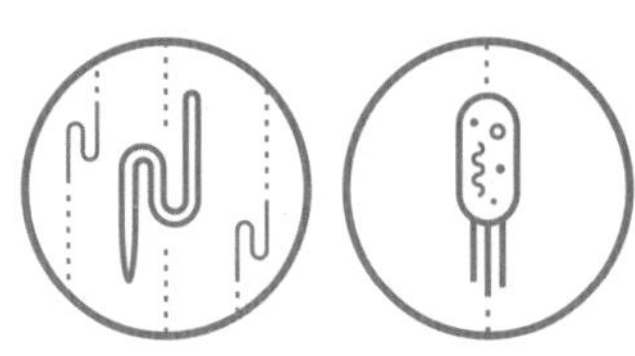

Mycosphere 01

곰팡이의 첫인상

나는 곰팡이를 연구한다. 가끔 하는 일이 뭐냐고 묻는 분들이 있다. 나는 일단 "미생물학 연구를 합니다"라고 대답한다. 대부분은 여기에서 "아, …" 하고는 더 이상 물어보지 않는다. 간혹 "어떤 분야를?"하며 한 번 더 물어 오는 사람이 있다. 나는 그럴 때면 쭈뼛거리면서, "곰팡이요"라고 얼버무린다. 왜 쭈뼛거렸을까? 곰팡이가 연구 주제라는 게 부끄러운 건가, 아니면 그들이 곰팡이에 대해 갖고 있을 선입견을 괜스레 걱정하는 걸까? 어떨 때는 "병원성 곰팡이가 어떻게 병을 일으키는지 연구합니다"라고 답을 하는데, 그래도 뒤돌아 서서는 "이구, 좀 멋있게 포장해서 얘기 했어야지"하며 후회한다. 참, 그러고 보면 곰팡이는 어디에 붙여도 그렇게 폼 나는 말은 아니다. 아무래도 '곰팡이'하면, 오래된 빵이나 썩은 음식에서 피어나는 검은색의 포슬포슬한 실타래나 목욕탕 벽을 타고 흐르는 누렇고 끈끈한 점액질, 잘 마감해 놓은 욕실 바닥의 실리콘을 보기 싫게 덮고 있는 검정 얼룩 같은 걸 떠올리니 말이다. 얼마나 될 지는 모르겠지만, 맥주나 와인을 빚고 빵을 부풀리는 효모나, 나무에 핀 버섯을 떠올린다면, 그분들께는 그냥 너무나도 감사할 따름일 뿐이다.

곰팡이라고 말하고 진균이라고 쓴다

우리말 '곰팡이'는 사실 이런 미생물의 삶을 잘 반영한 이름이다. 어느 조상분인지는 모르겠으나 정말 이름 한 번 참 잘 지으셨다. 어원을 거슬러 올라가 보면 '곰팡이'라는 말의 원래 형태는 '곰'이었다고 한다. '곰'이라는 말은 원래 '곰탕' 이나 '곰삭다'와 같이 오랜 시간을 두고 끓이거나 묵힌 음식에 사용되었는데, 곰팡이와 관련해서는 '곰피다', '곰이 피다' 등에서 그 흔적을 찾을 수 있다. '팡이'는 '피다'의 어간 '피-'에 작은 것을 뜻하는 접미사 '-앙이' 가 붙어서 생긴 말이다. 즉, 오래 묵힌 음식이나 물건에서 피어나 점점 자라는 것을 가리키는 말이 바로 곰팡이다.

곰팡이는 생물학에서는 '진균 眞菌'이라고 불리는데, 영어권에서는 '마이코myco-'라는 접두어를 사용해 진균병은 mycosis, 진균학은 mycology로 나타낸다. 'Myco'는 버섯을 뜻하는 고대 그리스어인 '무케스mukes'에서 비롯되었다. 대부분의 곰팡이는 오래된 유기물이나 사체를 분해해서 그걸 양분으로 삼아 자란다. 버섯도 물론 곰팡이다. 곰팡이를 잘 아는 사람이라면 영어나 우리말의 이름만 들어도 그들의 생김새나 삶의 방식에 딱 맞는 이름을 지었다고 생각할 것이다. 이들의 형태와 살아가는 모습을 자세히 관찰하지 않았다면 나오기 힘든 이름이다.

음지에서 일하고 양지를 바라보는 삶

곰팡이의 삶의 모토를 굳이 적어 보면, 아마도 "음지에서 일하고 양지를 바라보는 삶"일 것이다. 우리의 관심에서 벗어나 있어 눈에 잘 띄지는 않지만, 곰팡이는 이에 아랑곳하지 않고, 삶과 죽음을 중재하는 다리로, 또 세상의 물질을 순환시키는 거대한 순환 고리로 열심히 살고 있다. 그런데 이런 곰팡이의 위대한 역할은 안타깝게도 음지에 가려진 자신의 모습처럼 우리에게 주목받지 못하고 있다. 그래서인지 곰팡이를 연구하는 진균학도 생물학의 다른 분야에 비해 인기가 없다. 당연히 곰팡이 연구도 매우 미비한 실정이다. 지구에 존재할 것으로 추정하는 곰팡이 수에 비하면 아주 적은 수의 곰팡이 종만 알려져 있고, 곰팡이의 기원이나 역사에 대한 연구도 다른 생물에 비해 많이 뒤처져 있다. 심지어 생물학의 연구 초기에는 곰팡이를 식물로 오해하기도 했다. 아마도 눈에 가장 잘 띄는 곰팡이인 버섯이 땅에 뿌리를 박고 자라는 모습이 흡사 식물과 비슷했기 때문일 것이다. 그래서인지 아직까지도 곰팡이 연구 그룹 중 상당수가 대학교의 식물학과에 소속돼 있다. 사실 진균학자로 이십 년 넘게 연구한 입장에서는 이런저런 이유로 외면당하고 있는 곰팡이의 처지가 매우 서글프고 안타깝다.

큰 테두리에서 보면 곰팡이는 미생물이다. 곰팡이는 대부분의 미생물처럼 단세포로 독립 생활을 하는데, 세포가 연결되어 균사를 이루더라도 더 이상 특정한 기능이나 형태를 갖도록 분화하지 않는다. 가끔 곰팡이의 포슬포슬한 균사나 버섯이 우리 눈에 보일 정도로 크게 자라기도 하지만, 곰팡이의 일반적인 개체나 균사를 이루는 세포는 현미경을 사용해야만 볼 수 있을 정도로 작아서 곰팡이는 미생물 그룹에 속한다. 사실 곰팡이가 미생물이란 것을 알게 된 것은 그리 오래된 일이 아니다. 지금으로부터 약 350년 전인 1665년에 로버트 훅Robert Hooke이 식물 세포와 푸른곰팡이를 비롯한 여러 생물을 현미경으로 관찰한 《마이크로그라피아*Micrographia*》라는 책을 낸 적이 있다. 하지만 그러고도 한참 후에야 사람들은 곰팡이의 존재를 제대로 인식하기 시작했다. 현재까지 분류된 곰팡이는 약 9만 9000종이다. 하지만 많은 곰팡이 학자들은 아직 밝혀지지 않은 곰팡이가 대략 300만에서 500만 종 정도 더 있을 것으로 추정하고 있다. 특히나 고온 다습한 열대지역에는 어마어마한 양의 곰팡이가 살고 있을 것이다. 다만 우리가 아직 인지하지 못 하고 있을 뿐이다. 미지의 곰팡이의 세계를 탐구하는 연구는 우리 앞에 놓인 거대한 블루 오션이다.

곰팡이의 세 얼굴

이 책은 다양한 생물의 삶에 스며 있는 곰팡이에 관한 이야기를 담고 있다. 수억 년 동안 지구에서 일어난 수많은 화학 반응의 중심에 곰팡이가 있었고 지금도 곰팡이는 어디에선가 다양한 화학 반응을 중재하고 있다. 곰팡이의 정체성은 그 자체의 생김새나 삶의 유형보다 더불어 살아가는 다른 생명체와의 관계에서 더 잘 드러난다. 그래서 이 책에서는 곰팡이가 살아가는 다양한 모습을 소개하면서 그와 더불어 곰팡이의 역할에 따라 서로 영향을 주고받는 다른 생물들의 삶을 함께 그려 볼 것이다.

생태계에서 곰팡이의 역할은 크게 세 가지로 나눌 수 있다. 무엇보다 중요한 곰팡이의 역할은 죽은 유기물을 분해해서 자연으로 돌려보내는 청소부, 즉 '분해자decomposer'다. 분해자로서 곰팡이는 자연에 존재하는 유기체와 무기물을 순환시키는 중요한 연결 고리다. 45억 년 전 지구가 탄생한 이래 별똥별이 떨어져서 새로운 암석이 지구에 유입되는 것 말고는, 지구상의 모든 성분은 미생물에 의해 순환되고 재활용되고 있다. 바로 그 중심에 곰팡이가 있다. 만약에 곰팡이가 없었다면 오늘날의 지구는 지금과 아주 다른 모습일 것이다.

지금으로부터 약 3억 년 전 석탄기의 식물이 석탄이 될 수 있었던 것은 당시 식물을 분해하는 곰팡이가 본격적으로 등장하지 않아 거대한 양치식물이 미처 썩지 못하고 땅에 묻혔기 때문이다. 만약 그때 곰팡이가 있었다면, 어쩌면 우리는 지금 석탄이나 석유가 아닌 다른 연료를 사용하고 있을지도 모른다. 지금도 곰팡이가 없다면, 숲 속에 나무가 쓰러지거나 토끼가 죽었을 때 이들이 분해되어 자연으로 돌아가지 못하고 그 자리에 그대로 남게 된다. 곰팡이는 생태계의 청소부로 다양한 유기물을 분해하고 합성하는 육상 최대의 화학공장으로 진화했다. 곰팡이가 생산하는 이차대사물질의 종류와 기능은 우리의 상상을 초월할 정도로 다양하다. 우리에게 잘 알려진 페니실린과 같은 항생제나, 유기물을 발효시켜 만드는 와인과 치즈는 그중 극히 일부에 불과하다. 이 책에서는 분해자로서 곰팡이가 다른 생물과 맺고 있는 다양한 관계와 우리 주변에서 폭넓게 이용되고 있는 곰팡이의 대표적인 이차대사물질 몇 가지를 소개할 것이다.

곰팡이의 두 번째 모습은, 생태계의 다양한 동식물 그리고 미생물의 '공생자 mutualist'로 생활하며 그들의 삶을 지탱하는 동반자의 역할이다. 진화 과정에서 곰팡이는 육상생활을 가장 먼저 시작한 생물 중 하나다. 이들은 물에서 올라와 건조하고 척박한 땅에 처음 자리를 잡았다. 잘 알려진 예가 광합성을 하는 남세균cyanobacteria이나 조류algae와 공생하며 지의류를 만드는 곰팡이일 것이다. 곰팡이는 이들과 공생하며 살아남아 차가운 북극의 빙하에서 뜨거운 사막의 모래까지 극한의 조건에서 적응하고 진화했다. 북극에서 자라는 지의류인 순록이끼는 다른 생물은 잘 살 수 없는 극한의 조건에서 삶을 개척하고 환경을 변화시켜 다른 식물이 살 수 있는 토양을 일굴 뿐 아니라, 동물에게 소중한 먹을거리를 제공한다.

그런가 하면 곰팡이와 식물은 서로 매우 다르지만, 그 누구보다도 가까이에서 서로의 삶을 북돋운다. 식물이 처음 육상으로 올라오던 시절 곰팡이는 연약한 식물의 뿌리에 공생하면서 식물을 토양에 뿌리내리게 했고, 또 토양에서 흡수한 영양분과 무기물을 식물에게 세공하기도 했다. 이에 대한 답례로 식물은 광합성으로 만든 탄소 화합물을 곰팡이에게 제공했다. 그 결과 곰팡이는 지구상에 존재하는 거의 모든 식물의 뿌리에 공생하고 있다. 만약 곰팡이가 식물과 공생하지 않았다면 식물은 지금처럼 울창한 숲을 이루지 못했을 것이다. 곰팡이는 여러 동물과도 공생한다. 동물의 몸속에 사는 곰팡이 덕분에 초식동물이 먹은 풀은 분해되어 동물의 영양소가 될 수 있다. 또한 곰팡이는 더불어 사는 다른 미생물과 협력하여 비타민과 다양한 조효소를 합성해서 동물에 제공한다. 이 책에서는 생태계의 가장 든든한 동반자로 살아가는 곰팡이의 이야기를 몇 가지 소개할 것이다.

물론 그 반대의 경우도 있다. 곰팡이의 세 번째 모습은 다른 생물에게 해를 입히는 '기생자parasite'다. 분해자 곰팡이가 죽은 물질을 분해한다면, 기생자 곰팡이는 살아 있는 생물에 해를 입힌다. 몇몇 곰팡이는 식물과 동물에 치명적인 병을 일으키기도 하는데, 특히나 식물이 걸리는 질병의 80퍼센트 이상이 곰팡이에 의한 것이다. 인류는 식물에 기생하는 곰팡이 때문에 몇 번이나 혹독한 시기를 보내야 했던 아픈 역사가 있다. 세계를 움직인 굵직굵직한 기근과 농업 파동의 이야기 뒤에도 곰팡이의 보이지 않는 손이 움직이고 있었다. 최근에는 곰팡이병으로 많은 동물이 멸종 위기에 처해 있다. 이 책에서는 아메리카 대륙에서 개구리의 씨를 말릴 뻔했던 항아리곰팡이나 잠자는 숲속의 박쥐를 공격하는 흰곰팡이뿐 아니라, 최근 들어 면역력이 감소한 환자들의 생명을 위협하는 기회감염성 곰팡이까지, 생태계 곳곳에서 위엄을 떨치는 기생자 곰팡이의 이야기도 소개할 것이다.

삶과 죽음의 중재자

헨리 데이비드 소로Henry David Thoreau가 말한 것처럼 자연은 모든 상처에 교감하고 상처를 치유한다. 나는 그 중심에 곰팡이와 같은 무수히 많은 미생물이 있다고 믿는다. 삶이 끝나고 남겨진 흉한 물체는 언뜻 분해되고 사라지는 듯 보이지만, 곰팡이와 다른 미생물 덕분에 죽음은 새로운 삶으로 태어난다. 곰팡이를 비롯한 수많은 미생물은 자연에서 일어나는 모든 삶과 죽음의 중재자 역할을 도맡고 있다. 그리고 그 거대한 순환의 고리 한 가운데에서 가장 가열차게 일하는 생물이 바로 곰팡이다. 이런 상황인데도, 진균학자 데이비드 혹스워드David Hawksworth의 말처럼, 곰팡이는 우리 주변에서 철저히 외면당하고 있다. 곰팡이를 연구하는 많은 학자들의 말을 굳이 빌리지 않더라도, 나는 곰팡이가 없으면 지구 생태계도 없을 것이라고 감히 확신한다.

모든 생명의 삶은 '관계'로 귀결된다. 생명이 시작되기 위한 조건이 경계를 나눠 환경과 세포가 분리되는 것이지만, 동시에 소통의 채널이 열려 있지 않은 세포의 운명은 곧 죽음이다. 생명은 자연에 자신들의 경계선을 긋고 살지만, 주변과 나누고 소통하는 법을 터득해야만 생명을 유지할 수 있다. 바로 곰팡이를 비롯한 모든 미생물이 사는 법이다. 그리고 모든 생물이 사는 법이기도 하다.

이 책에서는 곰팡이 이야기를 하면서 '생명은 어떻게 소통하고 적응하는가?' 하는 질문에 대한 나름의 생각을 담아 보았다. 관계에 얽힌 질문들을 풀다 보면 생물들이 서로 소통하고 더불어 사는 생태계의 큰 그림을 슬쩍 훔쳐 볼 수 있을지도 모르겠다. 비록 우리에게는 외면당하고 있지만, 생태계에서 다양한 모습과 관계로 살아가면서 세상 모든 생명의 성장과 멈춤, 삶과 죽음의 중심에 있는 곰팡이 세상, 이제 한번 살짝 들여다보자.

자연은 모든 상처에 교감하고 상처를 치유합니다.
무수히 많은 작은 이끼와 곰팡이의 중재가 있기에,
가장 보기 흉한 물체가 아름다움을 발합니다.
세상에는 성장이나 멈춤, 삶이나 죽음처럼 서로 다른
시간에 보여지는 두 개의 모습이 있는 듯합니다.
신이 그들을 보듯, 우리가 시인의 눈으로 그들을 보면,
모든 것은 살아있고 또 아름답습니다.

— 헨리 데이비드 소로

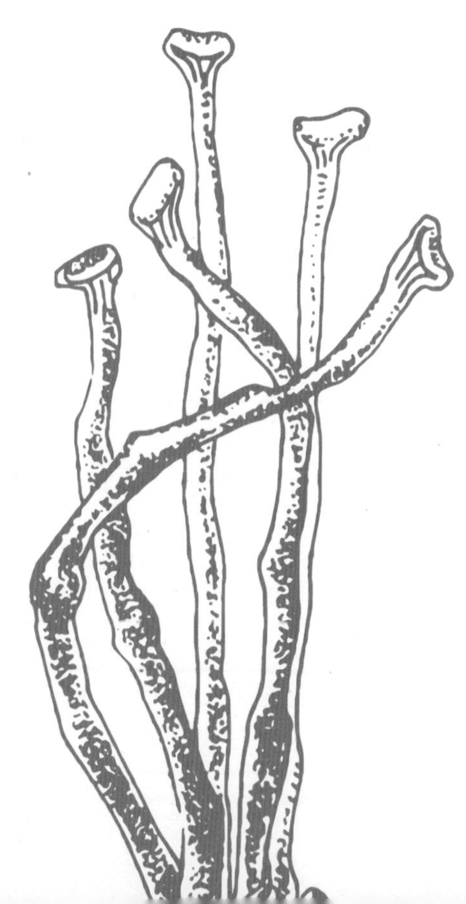

이름을 불러 주세요

과학책을 읽다 보면 종종 외계어와 같은 미생물의 학명을 접하게 된다. 이 책에서도 부득이하게 곰팡이의 이름을 학명으로 표기했다. 혹시나 중간중간 보이는 외계어들 때문에 책읽기를 포기하지 않기 바라는 마음에서 생물의 학명에 담긴 이야기를 간략하게 소개해 본다. 생물학 수업을 듣는 학생들이 가장 골치 아파하는 부분도 바로 생물의 학명을 외우는 것이다. 사실 생물학을 공부할 때 수박 겉핥기식으로 대상의 이름이나 개념을 외우는 것은 시시각각으로 일어나는 역동적인 생명 현상을 이해하는 데 큰 도움이 되지 않는다. 오히려 이런 주입식 생물학 교육은 학생들에게 큰 감동을 주거나 궁금증을 유발하지 못한 채 생물학을 '암기할 게 너무 많은 지루한 과목'으로 만들고 있다.

자연계의 모든 생물에 학명이라는 새로운 분류 체계와 명명법을 고안한 사람은 식물학의 시조라고 불리는 스웨덴의 생물학자 칼 폰 린네Carl von Linné다. 린네의 제안에 따라서 라틴어나 라틴어화한 단어를 사용해서 생물의 이름을 짓기 시작했다. 라틴어를 모르는 우리에게는 외계어만큼이나 부르기 어려운 이름이 탄생하게 된 이유다. 부르기도 어려운데, 라틴어로 그런 이름들을 짓는 것은 또 얼마나 어려울까? 새로운 생명체를 찾아서 분류하는 계통분류학자에게 '이름 짓기'는 고민 가득한 창작 활동이다. 보통은 생김새와 사는 방식, 서식지에 따라 이름을 붙여주고, 이미 알고 있는 개체와 비슷한 생명체를 발견하면 사촌 혹은 형제 같은 의미를 더해 이름을 짓기도 한다. 돌림자를 써서 형제들 이름을 짓는 것과 비슷하다. 물론 다른 생물에 같은 이름이 있는지 먼저 꼼꼼히 따져봐야 한다. 간혹 난감하게 지어진 이름을 발견할 때면 당황스러울 때도 있다.

예전에 식물분류학을 가르치던 교수님은 "도대체 누가 이렇게 예쁘고 청초한 꽃에, '개불알꽃'이니 '며느리밑씻개'라는 이름을 붙이고, 식감도 쫄깃하고 맛도 좋은 갯벌 동물에게 '개불'이라는 몹쓸(?) 이름을 지어주었을까"라며 열변을 토하곤 하셨다. 나중에 그런 몹쓸 이름이 일본의 식물학자가 붙인 이름을 그대로 옮겨놓다 그렇게 된 것으로, 이 또한 일제강점기의 잔재였다는 것을 알고 무척 씁쓸했다. 그 교수님은 나중에 도감을 내면서 개불알꽃을 복주머니꽃으로 개명하자고 강력하게 주장하셨다.

생물의 학명에 담긴 의미

'이름 짓기'는 그 대상을 특정 범주에 통합하려는 의도에서 시작한다. 가령 어떤 사람의 이름이 '홍길동'이라면 우리는 그가 홍씨 가문의 일원임을 안다. 만약 이름에 있는 '동' 자가 돌림자였다면, 항렬을 추정해서 그의 친족 서열과 관계까지 알 수 있다. 생물의 학명에도 이와 비슷하게 많은 의미가 담겨 있다. 생물의 이름은 예전 어느 개그 프로그램에서 나왔던 '김 수한무거북이와두루미삼천갑자동방삭 …'으로 이어지는 우스꽝스럽고 긴 이름만큼이나 다양한 범주를 포함한다. 고등학교 생물시간에 외웠던 '종species – 속genus – 과family – 목order – 강class – 문phylum – 계kingdom – 역domain'이 그 분류 체계다. 원래는 각 범주를 다 적어야 하지만, 보통은 다 줄이고 속명과 종명만으로 학명을 표기한다. 속명은 그 생물이 포함된 일종의 가문 같은 것인데, 사람으로 치면 '성'에 해당된다고 할 수 있다. 종명은 그 생물 고유의 특성이 담긴 것으로 우리의 이름과 같은 셈이다. 그럼 몇 가지 우리에게 잘 알려진 미생물의 학명이 어떤 의미를 담고 있는지 한번 알아보자.

Escherich가 발견한 대장 미생물

예를 들어 우리가 잘 아는 대장균의 학명은 *Escherichia coli*다. 'Escherichia'는 대장균 가족을 망라하는 일종의 가문명으로, 처음 이름을 붙인 테오도르 에셔리히Theodor Escherich의 성에서 따온 것이다. 'coli'는 colon, 즉 대장을 의미한다.

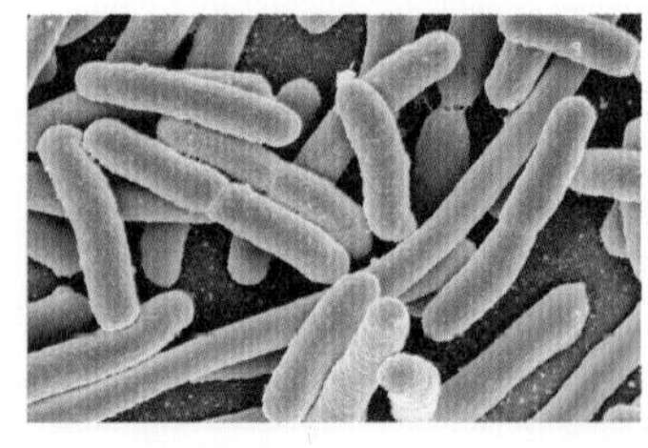

대장균 *Escherichia coli*

Escherichia 속屬에는 *coli*말고도 다른 형제들로 *albertii, blattae, fergusonii, hermannii, vulneris* 등 다양한 종이 여럿 있다.

불가리아에서 발견한 막대 모양의 젖산균

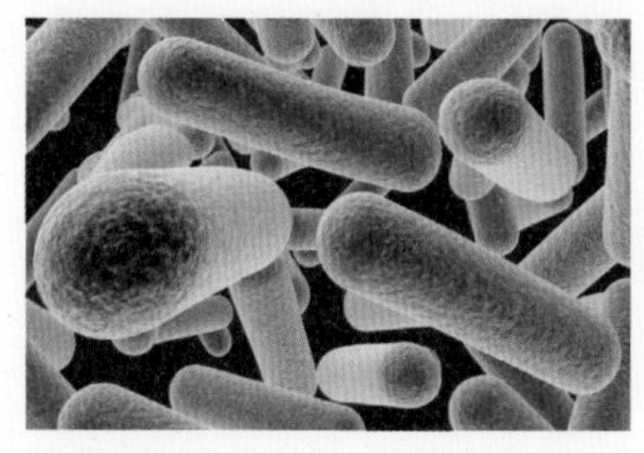

젖산균 *Lactobacillus delbrueckii* subsp. *bulgaricus*

발효 음료 중에 '불가리스'라는 것이 있다. 이 이름은 우유를 젖산 발효하는 젖산균인 *Lactobacillus bulgaricus*의 학명에서 따온 것이다. 글자를 하나씩 살펴보면, 'lacto'는 젖(우유)을 의미하고, 'bacillus'는 막대, 'bulgaricus'는 불가리아에서 발견한 균이라는 뜻이다. 최근에 이들 미생물의 유전자 서열을 조사해 보니, 막스 델브뤽Max Delbrück이라는 유명한 미생물학자의 이름을 따서 지은 젖산균인 *Lactobacillus delbrueckii*의 아종이라는 것이 밝혀졌다. 그래서 지금은 이들 미생물을 *Lactobacillus delbrueckii* subsp. *bulgaricus*라고 부른다.

당분을 좋아하는 곰팡이

효모 *Saccharomyces cerevisiae*

맥주와 포도주를 만들고 빵을 부풀리는데 쓰이는 효모는 *Saccharomyces cerevisiae*라는 이름을 가졌다. 라틴어로 'sacchar-' 는 당분을 뜻하고, 'myces'는 곰팡이를 의미하는 'myco'에 속屬을 의미하는 -es가 붙은 것이다. "당분을 좋아하는 곰팡이"가 이들의 학명이다. *Saccharomyces* 속에도 당분을 이용해서 발효를 하는 다양한 종의 효모가 있다.

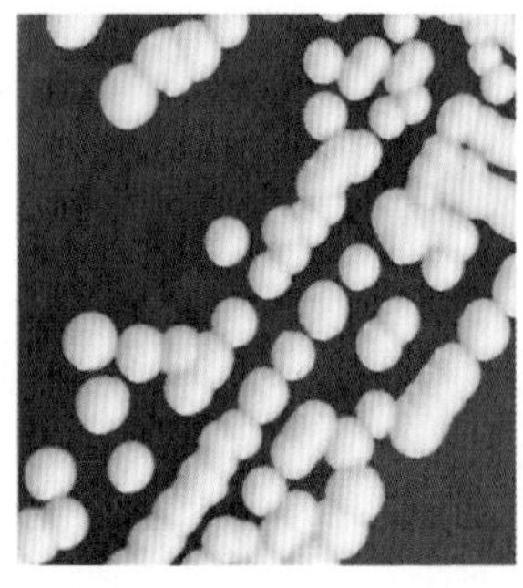
칸디다 알비칸스 *Candida albicans*

순수하고 하얀 곰팡이

내가 연구하는 곰팡이의 이름은 칸디다 알비칸스 *Candida albicans*다. 라틴어로 '순수하고 하얀'이라는 뜻이다. 이 곰팡이는 사람의 입 속이나 내장, 생식기 주변에 사는데, 우리의 면역력이 약해지면 왕성하게 자라나서 아구창이나 질염을 일으킨다. 감염된 자리가 하얀색의 반점처럼 보여 '하얀' 곰팡이라는 이름이 붙었다.

과즙을 사랑하는 벌레

동물의 이름도 마찬가지다. 우리는 잘 익은 포도나 바나나 주위에 모여드는 초파리를 한 범주에 묶어 *Drosophila* 속이라고 부른다. 'droso-'는 '과즙', '-phila'는 '사랑하는'이라는 의미로, '과즙을 사랑하는 생물'이라는 뜻이다. 이 범주에는 우리가 실험실에서 많이 이용하는 *D. melanogaster*, *D. erecta* 등의 다양한 초파리 종이 있다.

초파리 *Drosophila melanogaster*

우아한 막대 모양의 벌레

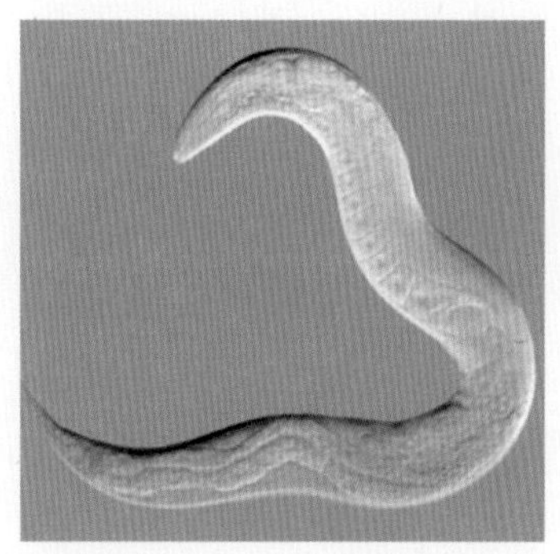

예쁜꼬마선충 *Caenorhabditis elegans*

크레이그 멜로Craig Mello와 그의 친구들에게 노벨상을 안겨 준 *Caenorhabditis elegans*라는 생물이 있다. 나는 아직도 *Caenorhabditis*를 읽으려면 발음이 꼬인다. 그래서 간단하게 *C. elegans*라고 부르면 참 우아한 느낌이 난다. 'Caeno-'는 '새로운', 'rhabditis'는 '막대 모양으로 생긴', 'elegans'는 '우아한' 이라는 의미다. 그럼 "새로 발견된 막대 모양의 우아한" 동물 정도가 될까? 우리나라에서는 "예쁜꼬마선충"이라는 귀여운 이름으로 불린다. 정말 귀엽고 우아하게 보이는지 사진을 다시 들여다보게 하는 이름이다.

우리의 이름은 *Homo sapiens*, '지혜로운 사람'이다. 스스로를 지혜롭다고 부르기에 좀 낯뜨겁기도 하지만, 인류에 대한 자기애가 듬뿍 담긴 이름이다. 어쨌든 우리도 학명을 가진 생물 중 하나니까. 이처럼 생물의 이름은 단순한 호칭뿐 아니라 그들의 생물학적 정체성에 대한 깊은 의미와 역사를 담고 있다. 그들의 생김새, 생활 방식, 그리고 유전자 구조까지 조사해서 고유의 특징을 토대로 범주화하고 붙인 진짜 이름이다. 그래서 학명에 새겨진 그들의 삶을 이해하는 데서 그들을 알아가는 배움이 시작된다. 어떤 생물에 대해 호기심이 생겼다거나, 우연히 신기한 생물을 접했다면 먼저 그들의 진짜 이름, 학명을 한번 찾아보면 어떨까? 그들의 긴 이름을 더듬어가면서, 왜 그들에게 그런 이름이 붙여졌는지 따라가 보는 색다른 생물학 공부를 할 수 있을 것이다.

Mycosphere 02

곰팡이의 역사를 찾아서

인터넷 뉴스에 "양서류를 위협하는 항아리곰팡이병, 한반도에서 발원"이라는 제목의 기사가 올라왔다. 이십여 년 전부터 전 세계 양서류의 씨를 말리고 있는 무서운 항아리곰팡이의 기원을 찾기 위해 대규모 국제공동연구가 있었고, 그 연구가 일단락 돼 항아리곰팡이 집단 유전자의 연관 관계와 계보를 발표한 것이었다. 흥미롭게도 라틴 아메리카 양서류의 씨를 말리다시피 한 항아리곰팡이가 한국에 있는 종에서 기원했다는 내용이었다. 그리고 한국의 개구리가 이 곰팡이 감염의 피해를 입지 않은 이유에 대해 후속 연구가 활발히 진행되고 있다는 사실이 덧붙여 있었다.

그런데 그 기사의 댓글이 걸작이었다. "항아리 바이러스, 몰랐던 내용이네요. 심각한 문제지만 재미있게 읽었습니다." 기사에는 분명 항아리곰팡이라고 적혀 있다. 그런데 독자는 '곰팡이'를 '바이러스'라고 읽고 있다. 난독증? 하지만 나 자신도 곰팡이와 바이러스를 혼동하는 독자를 딱히 뭐라고 할 수가 없다. 멀리 갈 것도 없이 나의 연구를 열렬히 지지하며 지난 이십여 년간 나의 활동을 지켜본 사람마저도 "곰팡이가 세균인가? 세균이 바이러스지? 곰팡이랑 바이러스가 뭐가 달라?"라는 질문을 아직도 하고 있으니 말이다. 사실 곰팡이와 세균, 바이러스는 마치 전자계산기와 PC, 그리고 슈퍼컴퓨터에 비할 수 있을 정도로 서로 다른 생물이다.

곰팡이는 진핵생물

물론 곰팡이, 세균, 바이러스는 모두 미생물이라는 공통점이 있다. 또한 이들 모두 인간 사회에 엄청난 영향을 미친다는 점에서 비슷하지만, 생물학적으로 이 셋은 완전히 다르다. 우선 바이러스는 생물이 아닌 입자에 불과하다. 단백질로 이루어진 외피와 유전물질을 가지고 있지만, 이들은 독립적으로 대사 활동을 하지 않는다. 바이러스가 다른 생물체처럼 복제를 하는 경우는 오직 숙주를 감염시켜 숙주의 대사 과정을 이용할 때뿐이고, 자체적으로 대사 과정을 수행하지 못하기 때문에 엄밀히 말해 생명체가 아니다.

곰팡이와 세균과 같은 미생물은 세포 구조와 기능에 따라 다양한 그룹으로 나눈다. 지구에 존재하는 모든 생물은 원핵생물prokaryote과 진핵생물eukaryote로 나눌 수 있다. 이 둘을 구분하는 가장 큰 차이는 핵과 세포 소기관의 유무다. 원핵생물은 염색체가 세포질에 섞여 있는 반면, 진핵생물은 염색체와 세포질을 분리하는 핵막이 있다. 핵막이 생기면서 진핵생물의 염색체는 세포의 다른 소기관과 분리되어 핵 안쪽에 자리 잡게 되었다. 그래서 이름도 핵의 유무에 따라 붙여졌다. 진핵생물을 가리키는 영어 단어인 'eukaryote'에서, 'karyo-'는 씨 혹은 핵심을 의미하고, 'eu-'는 참 또는 진짜라는 의미로 '진짜 핵이 있는 생물'이라는 뜻이다. 원핵생물은 'prokaryote'라고 하는데, 'pro-'는 앞선 혹은 이전이라는 의미로 '핵이 생기기 이전의 생물'이라는 뜻이다.

또한 진핵생물의 세포에는 중요한 화학 공장들이 있다. 하나는 이산화탄소와 물, 태양 에너지를 이용해 포도당을 합성하는 엽록체이고, 다른 하나는 포도당을 분해해서 에너지를 만드는 미토콘드리아다. 원핵생물인 세균과 고균古菌, archaea에는 이런 화학 공장이 따로 없다. 이들은 세포 자체에서 광합성을 하거나 에너지를 만든다. 진핵생물에는 곰팡이를 비롯하여 원생생물이나 조류와 같은 미생물이 있다. 곰팡이는 한자어로 쓰면 그냥 '균菌'이지만 원핵생물인 세균과 대비시켜 '진균眞菌'이라고 부른다. 곰팡이는 '진짜 핵을 가진 참 미생물이다'라는 의미로 읽으면 정말 진균이라는 이름에 손색이 없어 보인다.

곰팡이의 기원을 이해하는 열쇠는 '단순한 원핵생물이 복잡한 진핵생물로 어떻게 진화할 수 있었을까'라는 질문의 답을 찾는 과정에 있다. 지구에 생명이 탄생하고 진화하는 과정에서 가장 먼저 발생한 세포는 매우 단순한 구조를 가진 원핵생물이었다. 원핵생물이 진핵생물로 진화하면서 한층 복잡한 생물로 발전했고, 곰팡이도 이런 진핵생물의 조상에 그 기원을 두고 있다. 그런데 여기서 한번 물어보자. 단순한 원핵생물은 어떻게 복잡한 진핵생물로 진화했을까?

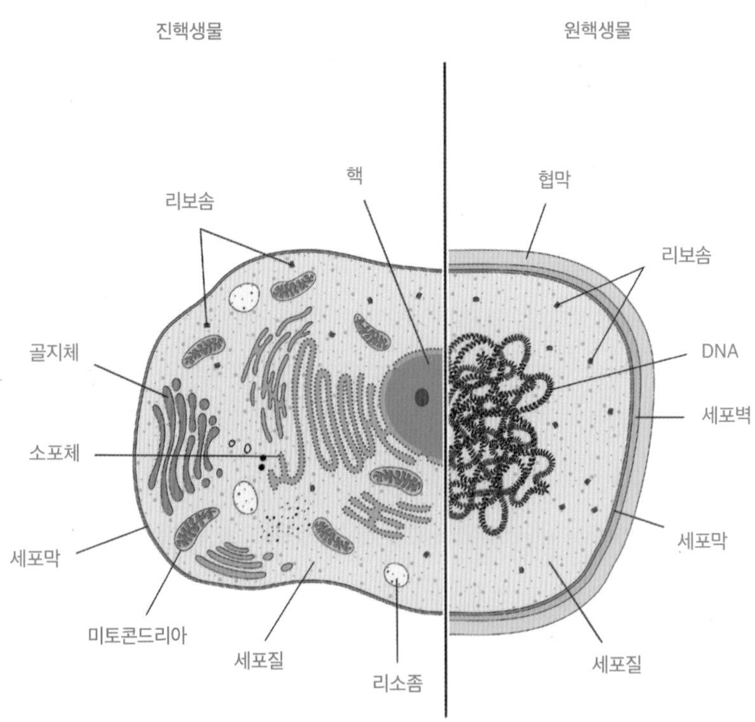

진핵생물의 세포에는 핵과 여러 세포 소기관이 있지만,
원핵생물의 세포에는 핵막이 없어 유전 물질이 세포질에 흩어져 있다.

기적의 탄생 — 더불어 살기

더불어 사는 생물의 커뮤니티에는 종종 기적과도 같은 일이 일어난다. 어떤 기적은 새로운 생명체를 탄생시키기도 한다. 지구상에 가장 먼저 나타난 매우 단순한 원핵생물이 진핵생물로 진화한 것도 어찌 보면 그런 기적 중 하나가 아니었을까? 그 이야기는 대략 이렇다.

아주 먼 옛날 광합성으로 유기물을 만들어 내는 원핵생물과 그런 유기물을 분해해서 에너지를 얻는 원핵생물이 살았습니다. 어느 날 커다란 원핵생물이 이들 원핵생물을 집어 삼켰습니다. 작은 미생물은 큰 세포 안에서 녹아 없어지게 마련인데, 이 미생물은 우연히 살아남았답니다. 그리고 이들 미생물은 유기물을 합성하거나 에너지를 생산해서 큰 세포에게 제공했습니다. 그렇게 큰 세포는 더욱 잘 살게 되었고, 복잡한 다세포 생물로 진화도 할 수 있게 되었습니다. 한편 큰 세포 안에서 안전하게 살게 된 미생물은 혼자 생활할 때 사용하던 유전자를 잃어버리고, 광합성과 에너지를 만드는데 필요한 유전자만 간직하게 되었습니다. 그리고 큰 세포와 그 안의 미생물은 서로 행복하게 오래오래 잘 살았습니다.

이 이야기는 1960년대 린 마굴리스Lynn Margulis가 발표한 '세포 내 공생endosymbiosis' 아이디어를 바탕으로 한 가설이다. 세포 내 공생설은 원핵생물이 서로 먹고 먹히는 관계로 공존하며 독립 생활을 하다가 거대한 원핵생물에 먹힌 이들 중 일부가 살아남아 특정한 기능을 수행하는 세포 소기관이 되었다고 주장한다. 이 훌륭한 가설이 당시에는 열다섯 곳의 학술지에서 퇴짜를 맞았다. 다행히 선견지명이 있는 훌륭한 편집자를 만난 덕분에 1967년 '이론생물학 학회지'에 이 역사적인 논문이 발표되었다.

세포 내 공생설의 요지는 거대 원시 미생물의 내부에서 공생하며 광합성으로 유기물을 합성하던 미생물은 엽록체가 되었고, 유기물을 분해해서 에너지를 만들던 미생물은 미토콘드리아가 되었다는 것이다. 우연히 엽록체와 미토콘드리아를 둘 다 잡아먹고 진화한 세포는 광합성으로 필요한 양분을 합성하는 독립영양체autotroph로, 미토콘드리아만 먹은 세포는 독립영양체에 의존해 살아가는 종속영양체heterotroph로 진화했다고 본다. 린 마굴리스는 미토콘드리아나 엽록체 이외에도 세포의 골격과 핵막 등이 세포에 구조를 만들면서 진핵세포가 형성됐고, 이런 진핵세포야말로 진정한 '작은 우주microcosmos'라는 이론을 펼쳤다. 그녀는 이 이론을 정리해 아들인 도리안 세이건과 함께 생명의 기원에 대한 상세한 설명을 담은 책 《마이크로코스모스*Microcosmos*》를 내놓았다.

도리안은 린의 연구 조력자이자 작가로 어머니와 많은 시간을 함께 했다. 바로 그의 아버지가 《코스모스*Cosmos*》라는 다큐멘터리와 책으로 유명한 칼 세이건이다. 린 마굴리스와 칼 세이건은 결혼한지 비록 7년 만에 이혼했지만, 이 둘은 각각 한 사람은 우주의 기원에 대해, 다른 한 사람은 생명의 기원에 관해 놀라운 통찰을 주는 모던 클래식을 남겼다.

린 마굴리스의 세포 내 공생설은 원시 거대 세포가 근처의 원핵세포를 잡아먹고, 잡아먹힌 세포 중 일부가 살아남아 미토콘드리아와 엽록체로 진화했다고 본다.

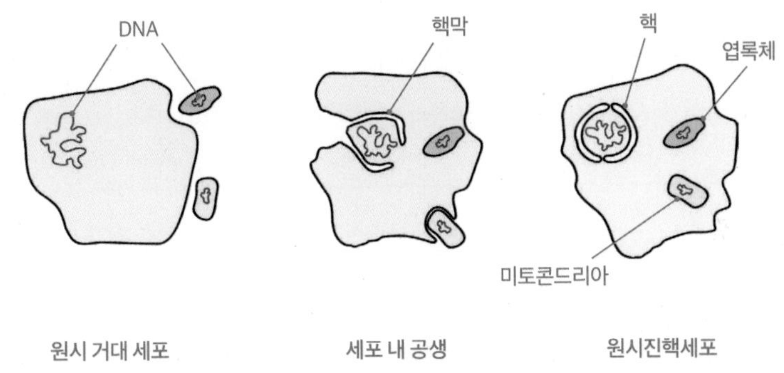

지금도 미토콘드리아와 엽록체는 자신들의 염색체를 가지고 있다. 비록 꼭 필요한 유전자 외에 다른 많은 유전자를 잃어버렸지만, 엽록체와 미토콘드리아는 독립 세균처럼 원형의 염색체를 가지고 있고, 유전자 대부분은 현존하는 원핵생물의 유전자와 구조와 기능이 똑 닮았다. 유전 물질이 닮은 것만큼 확실한 증거가 또 어디 있을까?

세포 내 공생과 진화는 지금도 여전히 진행 중이고, 그 증거는 여러 생물에서 찾아볼 수 있다. 그중 하나가 파울리넬라라는 아메바다. 파울리넬라는 광합성을 하는 남세균을 품고 있다. 파울리넬라는 타고난 식세포 작용phagocytosis으로 부유 생활을 하던 남세균을 꿀꺽 삼켰을 것이고, 아메바 안에서 우연히 살아남은 남세균은 광합성으로 유기물을 합성하며 살게 되었다. 이 광합성 유기물을 공유하게 된 아메바는 남세균을 분해하는 대신 공생 관계를 유지하는 방향으로 진화했다. 이 공생 관계는 대략 1억 년 전에 시작되었지만, 아직까지 남세균은 완전한 엽록체로 진화하지 못한 채 독립 개체로 존재한다. 1억 년이라는 시간조차 둘이 하나가 되기에는 너무 짧은지 모르겠다. 10억 년쯤 더 지나면 이들은 하나가 될 수 있을까?

남세균을 품고 있는 파울리넬라

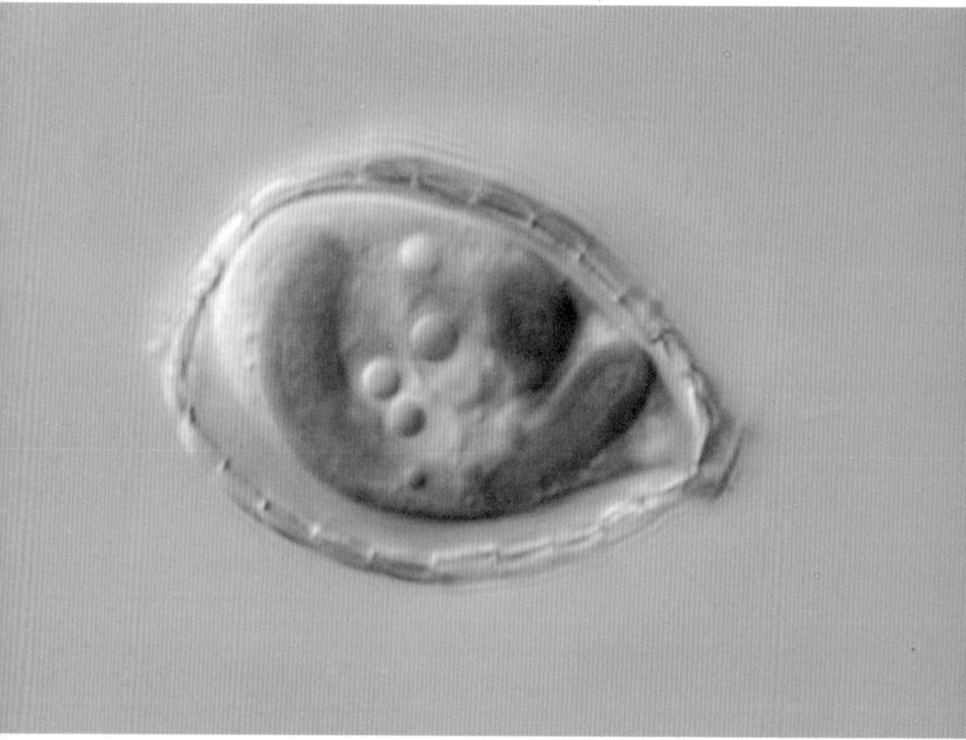

뿌리 찾기 — 진핵생물의 조상은 누구인가

마굴리스가 제시한 세포 내 공생 이론은 진핵생물의 복잡한 생명 활동을 뒷받침하는 세포 소기관의 기원을 잘 설명했고, 이후 많은 과학자들이 원시 거대 세포의 융합으로 진핵생물이 등장한 것에 대해서는 대부분 동의했다. 하지만 아직까지 세포들의 융합 과정을 설명할 수 있는 명확한 실험 증거가 부족하다. 또한 진핵생물의 조상인 거대 원시 미생물이 무엇인지도 아직 밝혀내지 못했다. 마굴리스의 세포 내 공생 이론을 검증하기 위해 많은 과학자들이 지금도 원시진핵생물의 조상을 찾는 연구를 계속 하고 있다.

영국의 생물학자 토머스 캐벌리어-스미스Thomas Cavalier-Smith는 마굴리스의 이론을 바탕으로 핵막의 기원을 설명하는 '원시진핵생물archezoa 가설'을 내놓았다. 이 가설에서는 원시 고균을 진핵생물의 조상이라고 주장한다. 현재의 고균은 세균과 진핵생물의 특징을 둘 다 가지고 있다. 고균은 핵은 없지만 세포벽을 갖고 있고 그 구조가 세균과 비슷하다. 하지만 RNA와 단백질을 합성하는 효소의 구조와 기능은 진핵생물과 많이 닮았다. 이를 토대로 캐벌리어-스미스는 고균이 미토콘드리아와 공생하기 이전에 진핵생물로 진화했을 것으로 추정한다. 먼저 고균의 세포질에 주름이 생기면서 세포 안쪽으로 밀려 들어가고, 그렇게 만들어진 막 안쪽에 유전 물질이 갇혀 원시 핵막이 형성되었다는 것이다. 이렇게 진화한 원시진핵생물에 여러 세균이 잡아먹히고, 이 세균이 진화하여 결국에는 미토콘드리아가 되었다고 설명한다.

원시 거대 세포에 주름이 잡혀서 큰 세포 안으로 작은 세포들이 들어가게 되었다는 설명은 이론상으로는 매우 그럴듯해 보이고, 현존하는 진핵생물도 이와 같은 식세포 작용을 자유자재로 하기 때문에 매우 믿을 만한 주장이다. 원생생물인 아메바가 식세포 작용을 하거나 백혈구가 침입자를 제거하는 과정에서 세균을 잡아먹는 것처럼 말이다. 뿐만 아니라 우리의 피부 세포도 세포 표면의 물질을 세포 내로 수송할 때 세포막을 이용하여 물질을 감싸서 들여온다. 이 과정을 '세포 내 이입endocytosis'이라고 한다. 이런 세포는 세포벽이 없기 때문에 유연한 세포막의 특징을 이용해서 특정 물질이나 더 작은 세균을 세포 안으로 들여올 수 있다.

하지만 고균을 이용해서 이 가설을 설명하는 데에는 큰 문제가 있다. 원시진핵생물 가설의 모델인 고균은 두터운 세포벽이 있다. 세포벽은 주위 환경의 압력으로부터 세포를 보호하지만, 자유로운 식세포 작용을 방해한다. 따라서 이 모델은 과거에 세포벽이 없는 고균이 존재했다고 가정할 때에만 가능하다. 만약 현생 고균 중에 세포벽이 없는 종이 발견된다면 과거에도 비슷한 고균이 존재했으리라고 추정할 수 있지 않을까? 때마침 이 이론을 뒷받침해 줄 세포벽 없는 고균이 발견되었다. 바로 강한 산성의 뜨거운 물에 사는 써모플라스마thermoplasma라는 고균이다. 하지만 결정적으로 써모플라스마는 원시진핵생물 가설의 핵심이 되는 포식 작용을 하지 않기 때문에 이 가설을 뒷받침하는 증거가 될 수 없었다. 따라서 식세포 작용을 하는 고균을 찾지 못하면 이 이론의 한계를 극복할 수가 없다. 또 한 가지 문제가 있다. 식세포 작용을 하려면 엄청난 에너지가 필요하다. 진핵생물이 지금처럼 복잡한 구조를 가지고 다세포 생물이 될 수 있었던 이유는 세포의 에너지 공장인 미토콘드리아를 가지게 되었기 때문이다. 미토콘드리아를 가지기 전에는 고균이 어떻게 그렇게 많은 에너지를 만들 수 있었을까? 식세포 작용의 한계를 뛰어넘는 다른 설명은 없는 걸까?

상자 바깥을 생각하라

가끔은 고정관념을 깨고 뒤집어 생각할 때 기발한 아이디어가 떠오른다. 2014년에 등장한 '내부 확장 이론inside-out theory'이 바로 그런 경우다. 미국 위스콘신 대학의 데이비드 바움David Baum 교수는 어느 날 이런 가정을 해보았다. "고균이 식세포 작용은 못 하더라도, 아주 조금이라도 몸을 늘릴 수 있다면 가능하지 않을까?" 바움은 수포 비슷한 돌출부를 만들어 내는 현대의 고균과 그 옆에서 공생하는 세균의 모습을 보고 내부 확장 이론을 떠올렸다. 그의 이론에 따르면, 원래 가까운 거리에서 공생하던 고균과 세균이 있었는데, 이들의 공생 관계가 점점 발전해 서로 점점 밀착하게 되면서 둘이 결국 하나가 되었다는 것이다. 다음 그림에서 원시세포eocyte는 핵이 될 고균이고, 원시세포 옆에 살고 있는 착생세균epibiotic bacterium은 미토콘드리아가 될 세균이라고 생각해 보자. 이런 공생 관계는 실제로 고균과 수소세균에서 발견된다. 두 세균이 하나가 되는 과정에서 고균 표면의 막 구조가 여러 방향으로 돌

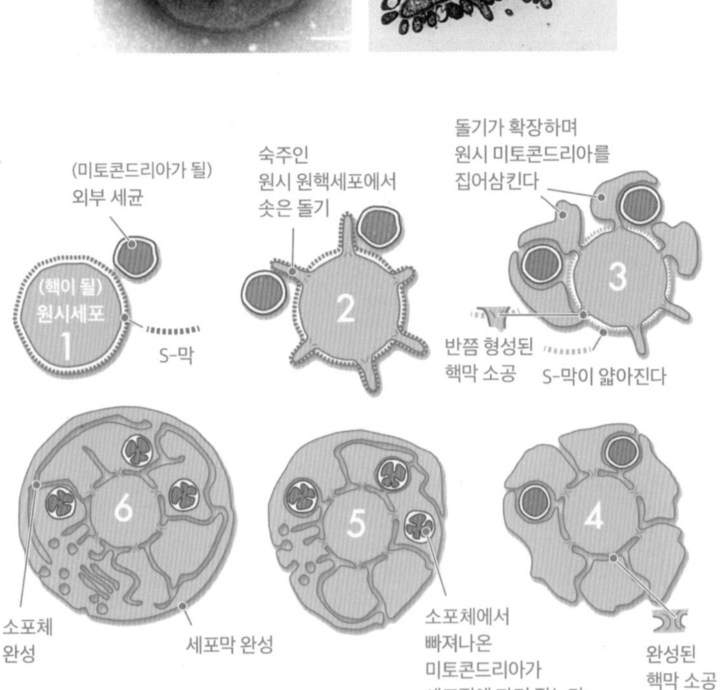

바움의 논문에 그의 이론이 깔끔하게 정리되어 있다. 그림 위쪽의 전자현미경 사진에서 바움이 말하는 세포질이 늘어나는 현상을 볼 수 있다. 원시세포의 세포질이 늘어나며 돌기가 형성되고 있고(왼쪽), 원시세포 주위에 세균들이 모여 있다(오른쪽). 아래쪽 그림은 그의 내부 확장 이론 모델이다. 원시세포(1번)에서 진핵세포(6번)가 되는 과정을 보여 준다.

출되어 세균을 감싸다가 점점 커져 마침내 세균을 끌어들이고 막 구조가 넓어지면서 이들이 서로 합쳐져 핵막과 소포체endoplasmic reticulum, 그리고 확장된 세포막이 되었다는 가설이다. 바움 교수는 식세포 이론outside-in theory과 내부 확장 이론inside-out theory의 차이를 다음과 같은 비유로 설명한다.

"우선 원핵세포를 크고 널찍한 건물을 부서별로 나누어 쓰는 일종의 공장이라고 해보겠습니다. 여기서는 관리직, 생산직, 총무회계, 경비와 관리직 등 다양한 직군의 사람들이 한 건물에 모여 일하는 구조라고 할 수 있습니다. 하지만 진핵세포는 이와 달리 작게 나뉜 여러 작업 공간이 서로 연결되어 있는 일종의 공장 단지와 비슷합니다. 다시 말해, 보관, 제조, 검사, 운송, 관리, 폐기 등 업무별로 별도의 공간이 나누어져 있는 것이죠. 전통적인 이론에서는 이런 공장 단지가 격납고 같은 건물에 칸막이가 하나둘 만들어지면서 시작했다고 설명합니다. 그런데 내부 확장 이론의 경우에는, 애초에 핵심 건물이 하나 있었는데, 그 주위로 다른 공간이 추가로 만들어졌다고 봅니다. 그러면서 원래 한 군데에서 처리하던 여러 기능들이 새롭게 확장된 영역으로 각기 특화되어 이전되었다고 생각합니다."

린 마굴리스의 새롭고 놀라운 아이디어에서 시작된 위대한 공생 이야기는 아직 진행 중이다. 지금까지 제시된 이론들은 모두 한계가 있어, 과학자들은 지우고 새로 쓰기를 반복하고 있다. 어쩌면 얼마 지나지 않아 어떤 가설의 일부나 혹은 전체가 반박되는 새로운 증거가 등장할지도 모른다. 다만 여러 연구를 통해 제시된 이론들의 공통점을 찾아본다면, 오랜 시간 공생 관계에 있던 미생물이 함께 사는 길을 모색한다는 것이 모든 일의 시작이다. 필요한 것은 서로 공유하고, 불편하고 필요 없는 것은 과감히 없애면서 둘이 하나가 되는 것이다. 오랜 공진화coevolution의 결과 작은 미생물을 자신의 일부로 받아들인 세포는 결국 이들 작은 미생물에 의지해서 더 복잡한 대사 과정을 실현할 수 있게 되었다. 하나가 된 둘은 혼자서는 상상할 수 없었던 새로운 삶을 모색할 수 있게 되었고 마침내 복잡한 진핵생물로 진화할 수 있었다.

『이기적 유전자』의 저자로 우리에게 잘 알려진 리처드 도킨스는 린 마굴리스를 이렇게 평가한다. "나는 세포 내 공생 이론을 지켜내고 비정통적인 아이디어를 정론화한 그녀의 용기와 열정을 진심으로 존경합니다. … 이 이론은 20세기 진화생물학의 위대한 업적 중 하나입니다." 또 철학자 대니얼 데닛은 "그녀의 세포 내 공생설은 내가 들은 가장 아름다운 이야기로, 그녀는 20세기의 영웅"이라고 칭송했다.

공생하는 생물들은 지금도 새로운 꿈을 꾼다. 그들이 사는 모습을 자세히 보면 그들의 꿈이 보일지도 모른다. 우리의 삶도 미생물과 다르지 않다. 두 사람이 만나 함께 하기로 결심하면 둘의 일상도 하나가 된다. 사용하던 살림살이도 비슷한 게 있으면 하나만 남기고 나머지는 치운다. 혼자 살면서 무의식적으로 하던 습관이 상대방에게 부담이 된다면 과감히 버리기도 한다. 그런 연습이 오랜 시간 쌓이게 되면 두 사람의 삶은 어느덧 보이지 않고 하나가 된 두 사람의 새로운 인생이 시작된다. 바로 가족의 탄생이다. 만약 곁에 있던 누군가가 없어진다고 상상해 보자. 그가 없는 삶이 말할 수 없이 힘들어진다면, 이미 둘은 하나가 되어 서로 기대어 살 수밖에 없는 운명공동체가 되었다는 의미가 아닐까?

세상에서 가장 오래된 곰팡이

생명의 기원을 묻는 사람들은 '언제'와 '어떻게'에 집중한다. '어떻게'에 관심이 있는 사람들은 과거에 일어났을 법한 일을 재현하는 데 애를 쓴다. '언제'를 밝히고 싶은 사람들은 끊임없이 생명의 역사를 밝힐 실마리를 찾아 나선다. 다행히 과거의 생명체는 여기저기에 그들의 흔적을 남겨 두었다.

그들의 흔적을 찾아 헤매는 고생물학자들은 생명의 역사를 간직한 최고의 족보를 발견했다. 바로 지층 사이에 차곡차곡 쌓인 화석들이다. 역사가 오래된 생물은 먼저 쌓인 퇴

2019년에 보고된 10억 년 전의 것으로 추정되는 곰팡이 화석이다.
현재까지 발견된 곰팡이 화석 중 가장 오래된 것이다.

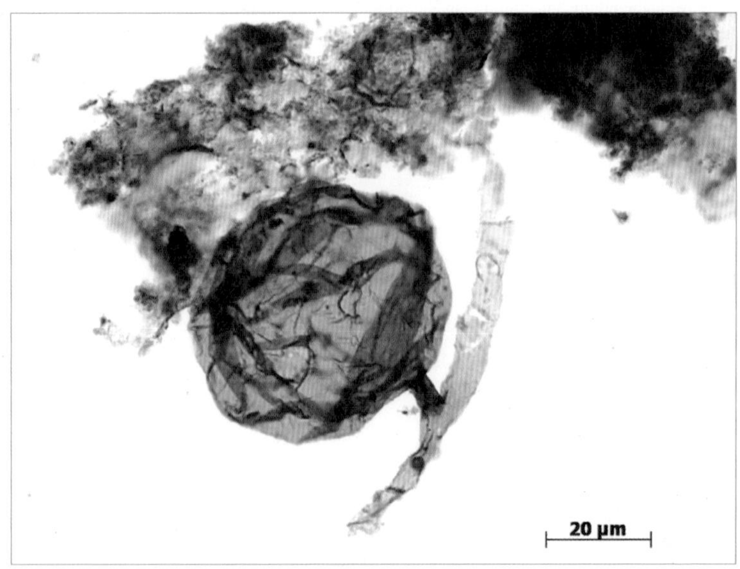

적층과 함께 가장 낮은 자리에 묻혀 잠들어 있고, 비교적 최근에 등장한 생물은 나중에 쌓인 퇴적층의 상부에 묻혀 있다. 하지만 여기에 만약 지각 변동이라도 일어났다면, 층층이 쌓인 족보는 그야말로 뒤죽박죽이 되어 버린다. 이 난해한 족보를 찾아 그들은 땅을 파고 지층 사이를 샅샅이 뒤진다. 그야말로 '삽질'하는 인생들이다. 운이 좋으면 지층 사이에 숨겨져 있는 가장 오래된 생명의 흔적도 찾아낼 수 있다.

2019년 5월에 교과서를 새로 쓰게 할 곰팡이 뉴스가 《네이처》에 올라왔다. 약 10억 년 전의 것으로 추정되는 곰팡이 화석을 발견했다는 보고였다. 이 논문이 발표되기 전에는 가장 오래된 곰팡이 화석이 대략 4억 5000년 전의 것이었고, 따라서 곰팡이의 시작 역시 그 정도로 추정했다. 하지만 이 연구로 곰팡이 진화의 역사가 훨씬 길어졌다. 이 연구에서 채집한 화석에는 곰팡이 세포벽의 성분인 키틴 화합물과 가지를 뻗은 균사의 형태가 남아 있었다. 화석이 발견된 캐나다의 북극권 지역은 원시 지구에서는 강 하구였을 것이고, 아마도 얕은 민물이나 육상에 살던 곰팡이가 떠밀려 온 것으로 여겨진다.

곰팡이의 역사를 더 길게 보는 주장도 있다. 2017년에 발표된 논문에서는 곰팡이의 역사가 24억 년 전으로 거슬러 올라간다고 말하기도 했다. 남아프리카 인근 바다 속 지층에서 발견했다는 이 곰팡이의 화석에는 균사체 모양의 구조가 새겨져 있다. 최근에 발견된 가장 오래된 미생물 화석은 캐나다 퀘벡의 누부아지턱 지층에서 나온 것으로 37억 년 전으로 추정되고 있다. 하지만 핵이 없는 원시 미생물에서 핵막이 생기고 진핵생물로 진화하는 복잡한 과정을 감안한다면, 곰팡이가 24억 년 전에 발생했다는 추정은 너무 이른 것이 아닌가 싶다. 다만 분명한 사실은, 이와 비슷한 화석이 계속 발견된다면 곰팡이의 역사도 훨씬 더 오래전으로 거슬러 올라갈 것이라는 점이다.

Mycosphere 03

곰팡이는
우리와
정말 많이
닮았다

생명의 나무

김동인의 단편 소설 「발가락이 닮았다」는 '닮은 점 찾기'를 가장 인간적으로 그리고 있다. 성병으로 생식 능력을 잃은 주인공은 자기 아이일 리가 없는 아기를 안고 본인과 닮은 점을 찾으려고 애쓰다가 문득 발가락이 닮았다는 이유로 자기 아이라는 억지스런 결론을 내린다. 가련하고 애절한 모습이다. 설령 자신의 아이가 아니더라도 어떻게든 닮은 점을 찾아 가까운 관계로 품어 보려는 간절함에서였을 것이다. 작가는 어떤 식으로든 관계를 지속하기를 열망하는 지극히 본능적인 인간의 모습을 그리려고 하지 않았을까?

그럼 효모, 푸른곰팡이, 버섯에게도 공통점이 있을까? 이들은 모두 곰팡이다. 단순히 형태만 놓고 보면, 이들은 서로 판이하게 다르다. 그런데도 이 세 생물이 곰팡이라는 하나의 테두리에 들어간 이유는 무엇일까? 그것이 이들이 생물학적으로 '닮았기' 때문이다. 생물학에서 '닮았다'는 말은 그들의 삶을 결정하는 모든 정보가 담긴 유전체genome와 형태, 그리고 삶의 방식이 비슷하다는 의미다. 예를 들어 인간과 가장 닮은 생명체 그룹은 침팬지와 보노보다. 유전체 분석 결과에 의하면, 인간과 침팬지의 유전체는 98퍼센트 이상이 일치한다고 한다. 그뿐인가? 생김새와 행동, 식습관도 닮았다. 인간과 별로 닮은 것 같지 않은 생쥐도 인간의 유전자와 85퍼센트가 일치한다. 이렇게 닮은 점을 공유하는 인간과 침팬지, 고릴라와 생쥐를 한데 묶으면 동물 그룹이 된다. 식물도 마찬가지다. 잎이 자라는 모양, 꽃잎의 숫자와 피는 방식, 열매를 맺는 방식과 형태, 이런 식으로 닮은 그룹을 묶다 보면 결국 식물과 동물은 하나의 그룹을 이루고, 같은 뿌리에서 가지를 치고 자란 하나의 나무가 된다. 바로 우리가 그리려고 하는 '생명의 나무tree of life'다.

생명의 나무에는 밑동에서 갈라져 나온 세 개의 큰 가지가 있다. 세균bacteria, 고균archaea, 진핵생물eukaryote이다. 진핵생물에는 우리가 주변에서 쉽게 보는 곰팡이, 원생생물, 조류, 식물, 동물 등 다양한 그룹이 들어간다. 이들을 연결하는 가지가 갈라진 위치와 길이는 각 그룹 간의 닮은 점, 즉 유연관계phylogeny에 따라 달라진다. 그룹들이 서로 가까이 위치해 있고, 그들을 잇는 가지가 짧고 가까울수록 유연관계가 가깝다는 의미다. 그리고 유연관계가 가까운 생물은 같은 조상에서 진화하고 분화된 생물이라는 뜻이기도 하다. 이처럼 생물의 유연관계는 생명의 분화와 진화를 이해하는 중요한 열쇠가 된다. 한 가지 재미있는 사실은 생명의 나무에서 곰팡이는 동물과 아주 가까이 있다는 점이다. 둘이 유전적으로 매우 밀접한 관계에 있다는 의미다. 곰팡이가 우리의 먼 친척뻘이라고 하면 기분 나빠할 사람도 있으려나?

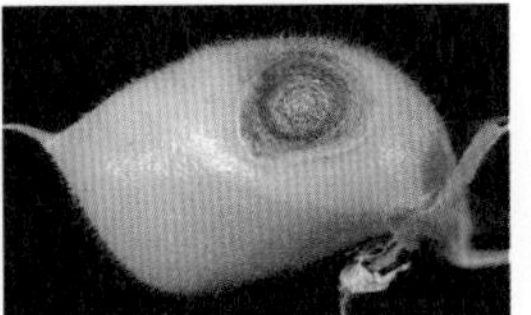

병아리콩에 있는 *Ascochyta*

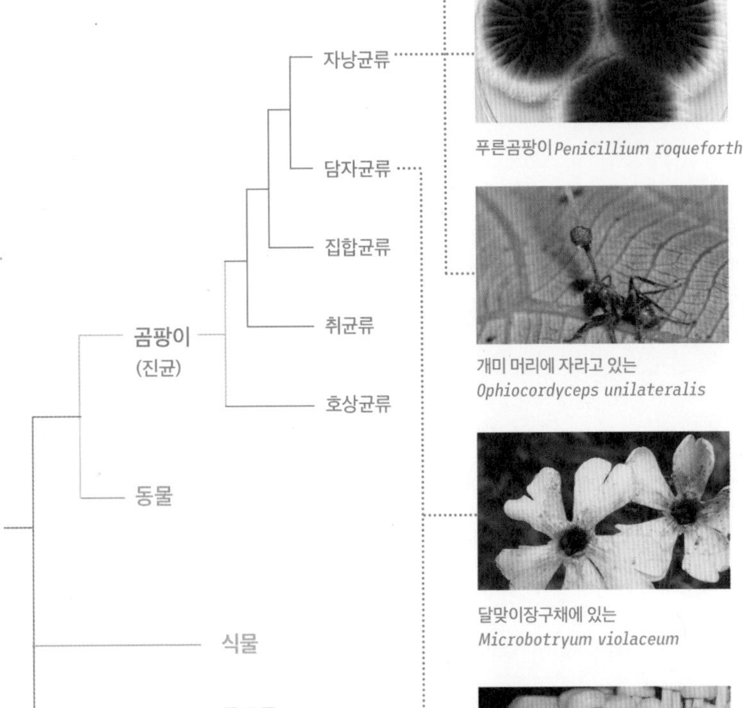

푸른곰팡이 *Penicillium roqueforth*

개미 머리에 자라고 있는 *Ophiocordyceps unilateralis*

달맞이장구채에 있는 *Microbotryum violaceum*

팽이버섯 *Flammulina velutipes*

포도에 있는 *Piasmopara viticola*

곰팡이는 동물과
유연관계가 매우 가깝다.
외관상 비슷해 보이는 식물보다
유전적으로는 동물과
훨씬 밀접한 관계에 있다.

찰스 다윈은 『종의 기원』에서 진화의 원리와 방향성을 나무의 가지치기를 예로 들어 설명했다. 다윈의 스케치에 다양한 종이 각기 다른 시간에 공통조상common ancestor에서 분화되어 나온다는 자신의 종분화speciation 이론이 잘 설명되어 있다. 굵은 가지에서 뻗어 나온 곁가지 중 잘 자란 잔가지는 분화에 성공한 종으로, 가지를 쳤지만 중간에 말라 버린 가지는 진화에 실패하고 도태된 종으로 나타냈다. 그리고 각기 다른 지점에서 가지를 친 것은 다양한 생물이 서로 다른 시점에서 분화되는 것이라고 표현했다.

다윈이 '생명의 나무'를 그리던 1837년 무렵에는 개체의 모양과 살아가는 방식을 중심으로 그들의 유연관계를 구성했다. 자연스럽게 연구 주제도 비교적 관찰하기 쉬운, 다시 말해 눈에 잘 띄는 종에 한정되어 있었다. 1800년대 후반을 지나 1900년대 초가 되자 다윈의 시대에 비해 훨씬 많은 수의 생물이 발견되었고, 그에 따라 생물의 유연관계를 분석하는 연구도 더욱 활발하게 진행되었다. 1900년대 중반에 들어서자 새로운 미생물이 속속 발견되었고, 형태와 대사 방식의 차이만으로는 생물의 유연관계를 연구하는 데 심각한 한계가 있었다. 전혀 다른 종이 같은 그룹에 속하는 일도 종종 있었다. 그래서 미생물을 분류하는 학자들은 생물의 형태보다는 그들의 유전자 서열을 비교해서 서열이 비슷한 종들을 같은 그룹으로 묶는 방법을 도입하기 시작했다. 칼 우스Carl Woese가 최초로 도입한 이 방법을 '리보솜 유전자 서열 비교법16s rRNA sequencing'이라고 한다. 칼 우스는 리보솜 유전자 서열 비교법으로 1977년에 고균의 존재를 최초로 밝혔다. 고균은 뜨거운 온천물, 극

지방의 추운 환경, 염호나 심해 등 생명체가 살기에 불가능해 보이는 환경에서도 잘 자란다. 우스가 처음 발견한 고균은 옐로스톤 국립공원의 펄펄 끓는 온천수에 살고 있었다. 고균을 실험실에서 배양해서 연구하는 것은 아직도 매우 어렵기 때문에 발견된 고균의 수가 세균에 비해 적지만 앞으로 극한의 환경에 적응해서 살고 있는 더 많은 고균이 발견될 것이다.

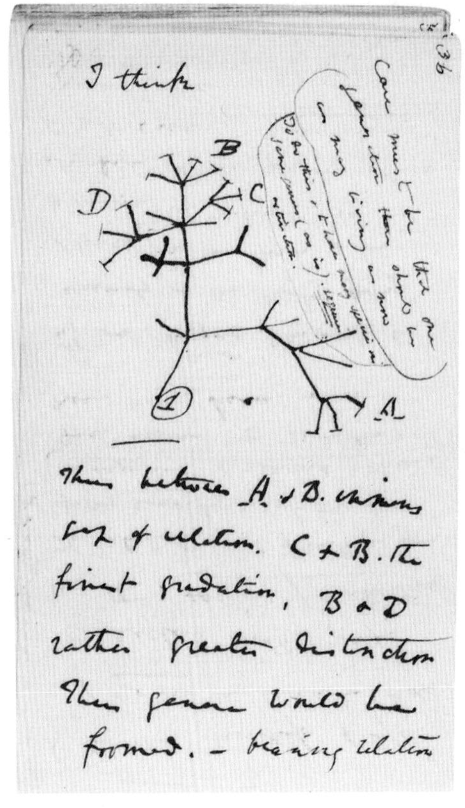

다윈이 자신의 노트에 그린 '생명의 나무' 스케치

리보솜 유전자 서열 비교법의 원리는 비교적 간단하다. 생물이 살아가는 데 꼭 필요한 대사 과정을 주도하는 단백질은 변이가 거의 없이 모든 종에 잘 보존되어 있고, 서열은 오직 유전자가 복제되며 생기는 자연돌연변이에 의해서만 달라진다. 특히 단백질을 합성하는 공장인 리보솜의 골격을 구성하는 rRNA 유전자는 미생물에서 다세포 생물에 이르기까지 유전자의 서열이 잘 보존되어 있다. 진핵생물에서는 리보솜의 rRNA 외에 단백질 합성 과정을 매개하는 EF-1 Elongation Factor-1이라는 단백질의 유전자 서열을 비교하기도 한다.

세포가 복제될 때마다 모든 유전자가 똑같이 복제된다고 가정하지만, 실제로는 유전자가 복제될 때마다 대략 1억에서 100억 개에 하나 꼴로 유전자 염기 서열에 변이가 일어난다. 리보솜 유전자에 생긴 변이는 대부분 리보솜의 기능에는 큰 영향을 주지 않는데, 우리는 그 변이의 개수와 위치를 보고 생물의 유연관계를 추정할 수 있다. 그림과 같이 공통조상의 세포가 분열하는 과정에서 유전자 변이가 일어난다고 가정해 보자. 그 변이는 다음 세대로 계속 유전되고, 그 상태에서 다시 분열이 진행되면 또 다른 변이가 그 위에 쌓이게 된다. 만약 어떤 종의 rRNA 유전자를 비교했을 때 유전자에 일어난 변이의 위치나 양상이 비슷하다면 그들은 공통조상에서 분화된 유연관계가 비교적 가까운 종들이 된다. 반면 유연관계가 먼 종들 간에는 이 유전자 서열에 생긴 돌연변이의 위치가 많이 다르고, 변이의 비율도 높아진다. 이런 방식으로 돌연변이가 일어난 빈도와 위치를 간략하게 계산해 보면, 아래 그림에서 A와

B라는 두 미생물의 유전자 염기 서열이 95퍼센트 유사하고, B와 C가 90퍼센트 유사하다면, B는 C보다 A와 유전적으로 더 가까운 관계라고 할 수 있다. 만약 A와 C가 80퍼센트 유사하다면, C는 A보다는 B와 유전적으로 더 가깝다고 본다. 물론 실제로는 이보다 계산이 훨씬 복잡해서 컴퓨터의 도움을 받아야 한다. 이런 변이는 리보솜 유전자뿐 아니라 모든 유전자에 무작위로 발생할 수 있다. 만약 이 변이가 미생물의 원래 삶의 방식을 유지하는데 중요한 유전자에 일어났다면, 작은 차이 하나가 그들의 삶을 통째로 바꾸기도 한다.

공통조상에서 아래 세대로 내려갈수록 바뀌는 유전자 염기 서열의 수가 늘어난다.

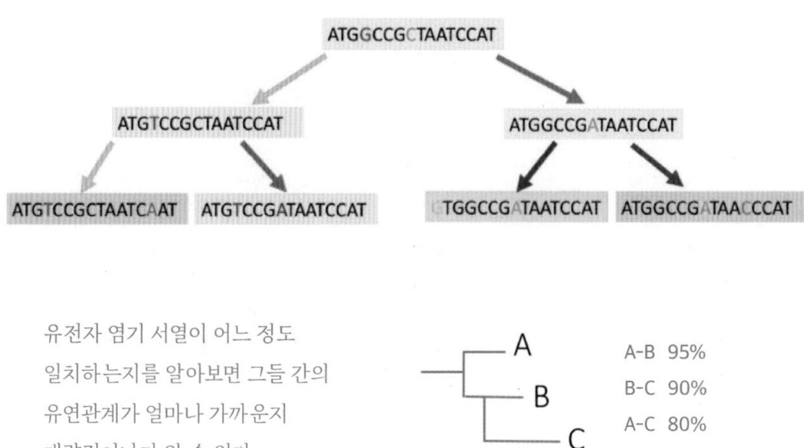

유전자 염기 서열이 어느 정도 일치하는지를 알아보면 그들 간의 유연관계가 얼마나 가까운지 대략적이나마 알 수 있다.

닮은 점 찾기

생명의 나무를 자세히 살펴보면 곰팡이와 동물 그룹의 가지는 아주 가까운 거리에 있다. 사실 이 두 그룹은 아주 많이 닮았다, 즉 생물학적 유연관계가 가깝다는 말이다. 곰팡이와 우리를 비교하는 게 기분 나쁘다면 먼저 이 둘의 유전자가 얼마나 닮았는지 비교

				153		168		198		238
후편모생물	동물류	Deuterostomia	인간	NKMD	STEPPYS	QKRYE	...	GDNMLEPSANMPWFKG	WKVTRK-----DGNASG	TTLLEALDCILPP
			Ciona	NKMD	NTEPPYS	EQRFE	...	GDNMLETSENMPWFKG	WAIERK-----EGNASG	KTLYNALDAILLP
		Ecdysozoa	*Caenorhabditis*	NKMD	STEPPFS	EARFT	...	GDNMLEVSSNMPWFKG	WAVERK-----EGNASG	KTLLEALDSIIPP
			Drosophila	NKMD	SSEPPYS	EARYE	...	GDNMLEPSTNMPWFKG	WEVGRK-----EGNADG	KTLVDALDAILPP
		Lophotrochozoa	*Dugesia*	NKMD	STEPPFS	EPRFD	...	GDNMIDESSNMPWYKG	WEITRKNAKKEEIKTTG	RTLLDALDSLEPP
			Chaetopleura	NKMD	STTPPFS	QPRFE	...	GDNMLEVSSNTAWFKG	WNIERK-----EGNASG	KTLFEALDSILPP
		Radiata	*Eugymnanthea*	NKID	NTEPPYS	EARFK	...	GDNMIEPSTNMSWYKG	WEIERK-----AGKASG	KTLLEALDAVVPP
		Parazoa	*Geodia*	NKMD	STEPPYS	QARYD	...	GDNMLEESPNMKWFKG	WNVERK-----EGNASG	KTLFNPLDSILPP
	진균류 (곰팡이)	Basidiomycota	*Puccinia*	NKMD	TT--KWS	EQRFE	...	GDNMLEESTNMGWFKG	WTKETK-----AGVSKG	KTLLDAIDAIEPP
		Ascomycota	붉은빵곰팡이	NKMD	TT--QWS	QTRFE	...	GDNMLEPSTNCPWYKG	WEKETK-----AGKATG	KTLLEAIDAIEPP
		Zygomycetes	털곰팡이	NKMD	TT--KWS	QDRYN	...	GDNMLDESTNMPWFKG	WTKETK-----AGSKTG	KTLLEAIDSIEPP
		Trichomycetes	*Smittium*	NKMD	SN--KYS	EERFT	...	GDNMIEASTNMPWYKG	WTKETK-----SGVSKG	VTLLDAIDAVEPP
		Chytridiomycota	항아리곰팡이	NKMD	TT--KWS	EDRYN	...	GDNMLEASENMPRFKG	WNKETK-----AGSSTG	KTLLQAIDAIEPP
		Microsporidia	*Glugea*	NKVD	TIDEKNR	ISRFD	...	GINIVEKGDKFEWFKG	WKPVSG-----AG-DSI	FTLEGALNSQIPP
	원생생물 일부	Choanoflagellata	*Monosiga*	NKMD	STEPPYS	ESRFN	...	GDNMIEASEKLPWYKG	WEITRK-----DGNAKG	KTLLEALDAIIPP
		Ichthyosporea	*Amoebidium*	NKMD	SI--KFA	QDRFN	...	GDNMVEPTDNMPWYKG	WEVERK-----EGNATG	KTLLEALDAILPP
			Ichthyophonus	NKMD	SV--KYS	EDRFK	...	GDNMVAPTENMPWYKG	WTCERK-----EGNTSG	FTLLEALDNIQAP
		Corallochytrea	*Corallochytrium*	NKMD	SI--KYS	KDRFD	...	GDNMIEASTNMDWYKG	WEKD--------GSVGG	KTLIEALDAVSPP
		Nucleariida	*Nuclearia*	NKMD	TC--KYS	EERFN	...	GDNMLEPTTNMPWFQG	WEIDRK-----NGKVMG	KTLVGALDAIEPP
		Ministeriida	*Ministeria*	NKMD	SI--KYD	EARFT	...	GDNMLDASTNMPWYKG	WEVDRDK----NGKASG	KTLIDALDAVLPP
	APUSOZOA	Ancyromonadidae	*Ancyromonas*	NKMD	DKSVNYS	KARFD	...	GDNMTEPSANMPWYSG	-----------------	PTLLGALDACEVP
		Apusomonadidae	*Apusomonas*	NKMD	DKTVKYS	KDRYE	...	GDNMMEPSPQMGWWKG	-----------------	GTLLEALDAFTPP
	AMOEBOZOA	Mycetozoa	*Dictyostelium*	NKMD	EKSTNYS	QARYD	...	GDNMLERSDKMEWYKG	-----------------	PTLLEALDAIVEP
		Lobosa	*Acanthamoeba*	NKMG	NV--NWA	ENRYN	...	GDNMVDRTDKMPWYKG	-----------------	PTLLEALDGIKPP
			Hartmannella	NKMD	SESVKYS	QERYD	...	GDNMLEKSTNLPWYKG	-----------------	PTLVEALDALKEP
		Conosa	*Entamoeba*	NKMD	AI--QYK	QERYE	...	GDNMIEPSTNMPWYKG	-----------------	PTLIGALDSVTPP
		Phalansterea	*Phalansterium*	NKMD	DKTVNWG	EPRYQ	...	GDNMLERSANLPWYKG	-----------------	PTLLEALDNLVPP
	식물류	Streptophyta	*Arabidopsis*	NKMD	ATTPKYS	KARYD	...	GDNMIERSTNLDWYKG	-----------------	PTLLEALDQINEP
		Cyanophoraceae	*Cyanophora*	NKMD	EKSVNYG	QPRFE	...	GDNMLEPSSNLGWYKG	-----------------	PTLVEALDQVEEP
		Bangiophyceae	*Porphyra*	NKMD	DKNVNWS	KERYE	...	GDNMLEKSTNMPWYTG	-----------------	PTLFEVLDAMKPP
	HETEROKONTA	Blastocystis	*Blastocystis*	NKMD	DKSVNYS	EARYK	...	GDNMIEHSANMPWYKG	-----------------	PTLLEALDNVHPP
		Oomycetes	*Phytophthora*	NKMD	DSSVMYG	QARYE	...	GDNMIDRSTNMPWYKG	-----------------	PFLLEALDNLNAP
	ALVEOLATA	Apicomplexa	*Plasmodium*	NKMD	TV--KYS	EDRYE	...	GDNLIEKSDKTPWYKG	-----------------	RTLIEALDTMQPP
		Cilliophora	*Paramecium*	NKMD	EKTVNYA	QGRYD	...	GDNMLEKSANFGWYKG	-----------------	PTLLEALDAVTPP
	유글레나류	Euglenida	*Euglena*	NKFD	DKTVKYS	QARYE	...	GDNMIEASENMGWYKG	-----------------	LTLIGALDNLEPP
		Kinetoplastida	*Leishmania*	NKMD	DKTVQYS	QARYE	...	GDNMIERSDNMPWYKG	-----------------	PTLLDALDMLEPP
	HETEROLOBOSEA	Schizopyrenida	*Naegleria*	NKFD	DTSVSYK	EDRYN	...	GDNMIEKTDKMPWYKG	-----------------	PCLLDALDNLVEP
		Acrasida	*Acrasis*	NKMD	DKSVQYK	EDRYK	...	GDNMLEKSTNMPWYKG	-----------------	PTLLEALDALEPP
	PARABASALIDEA	Trichomonadida	*Trichomonas*	NKMD	DKTVNYN	KARFD	...	GDNMTEKSPNMPWYNG	-----------------	PYLLEALDSLQPP
		Hypermastigida	*Trichonympha*	NKMD	DNTVNYA	ESRYK	...	GDNMTEKSDKMPWWKG	-----------------	LTLLEALDTLEPP
	DIPLOMONIDIDA	Giardiinae	*Giardia*	NKMD	DGQVKYS	KERYD	...	GDNIMEKSDKMPWYEG	-----------------	PCLIDAIDGLKAP
	OXYMONADIDA	Pyrsonymphidae	*Dinenympha*	NKMD	DKSVNWA	ESRYN	...	GDNMLDRSTNMPWYKD	-----------------	PILFDALDLLEVP
	고균	Crenarchaeota	*Sulfolobus*	NKMD	LADTPYD	EKRFK	...	GDNVTHKSTKMPWYNG	-----------------	PTLEELLDQLEIP
		Euryarchaeota	*Thermoplasma*	NKMD	ATSPPYS	EKRYN	...	GDNVTKPSPNMPWYKG	-----------------	PSLLQALDAFKVP

동물과 곰팡이에 공통적으로 나타나는 아미노산 서열(노란색 부분)이 식물이나 유글레나를 비롯한 조류에서는 나타나지 않고 있다.

해 보자. 앞에서 소개한 유전자 염기 서열 비교법을 곰팡이와 동물의 유연관계를 연구하는 데 적용해 보면 놀라운 사실을 발견하게 된다. 왼쪽 그림은 동물, 곰팡이, 원생생물, 식물의 EF-1 유전자에서 만들어지는 아미노산 서열을 비교한 표다. 재미있는 것은 노란색으로 칠해진 부분이다. 이 노란 부분에 포함된 12개의 아미노산은 곰팡이와 동물의 EF-1 유전자에만 존재하고 다른 진핵생물의 유전자에는 없다. 정확히 언제인지는 모르지만 곰팡이와 동물이 분화하기 훨씬 전에 이들의 공통조상에 돌연변이가 일어나 12개의 아미노산이 더 있는 EF-1 단백질을 발현한 생물이 생겨났다. 이 생물에서 훗날 동물과 곰팡이, 그리고 꼬리로 헤엄치는 원생생물이 갈라져 나왔다고 추정된다. 반면 식물이나 조류의 EF-1 단백질에는 이 12개의 아미노산 서열이 보이지 않기 때문에 이들은 다른 조상에서 분화했다고 볼 수 있다.

뒤쪽에 꼬리가 달린 생물

유전자 서열이 비슷한 종은 그 형태와 삶의 방식도 비슷한 경우가 많다. 동물과 곰팡이도 그렇다. 생명의 나무를 보면 동물, 곰팡이, 원생생물 일부가 후편모생물이라는 그룹에 묶여 있다. 진핵생물의 출현을 설명한 가설을 보면, 초기 진핵생물은 세포벽이 없는 다소 유연한 구조였을 것으로 짐작된다. 어쩌면 아메바처럼 물컹물컹하고 모양이 자유자재로 변하는 형태였을 수도 있다. 그들 중에서 14억 년에서 9억 년 전쯤 물에서 자유롭게 움직이는 후편모생물이 등장했다. 후편모생물을 가리키는 opisthokonta는 그리스어에서 왔는데, 'opistho'는 뒤를 말하고, 'kontos'는 '털 하나' 즉 편모를 말한다. 말 그대로 '뒤쪽에 꼬리가 하나 달린 생물'이다. 이름처럼 후편모생물은 꼬리로 추진력을 얻어 헤엄친다. 후편모생물에 속하려면 생애 어느 한 때라도 꼬리 하나로 움직이는 모습이 나타나야 한다. 그런데 곰팡이나 동물의 일생에서 꼬리 하나로 헤엄치는 때가 있었던가?

동물이 번식을 할 때 난자를 향해 열심히 헤엄치는 정자가 바로 그런 모습이고, 곰팡이 중에서 가장 먼저 진화한 항아리곰팡이의 '유주자遊走子, zoospore'가 또 그렇다. 둘 다 후편모생물의 특징인 꼬리가 있다. 곰팡이의 유주자는 번식을 위해 특별히 분화된 세포이기 때문에 보통 세포와 달리 세포벽이 없고 영양분을 섭취하지 못한다. 오로지 긴 꼬리로 헤엄쳐 돌아다니며 곰팡이가 여기저기 퍼져 나가 번식할 수 있게 한다. 동물의 정자와 너무 비슷하지 않은가? 유주자는 수영 속도도 꽤 빠른 편이다. 세포에 저장돼 있는 양분만으로 초당 약 0.15밀리미터의 속도로 움직일 수 있고, 중간에 장애물을 만나면 방향을 바꾸기도 한다. 몇 시간 동안 수 미터를 헤엄쳐서 정착할 곳을 찾으면 바로 세포벽이 있는 곰팡이로 자란다. 물론 모든 곰팡이가 유주자를 만들지는 않는다. 대부분의 육상 곰팡이는 진화 과정에서 바람에 실려 멀리 퍼질 수 있도록 매우 가벼운 포자를 만드는 방향으로 진화했다.

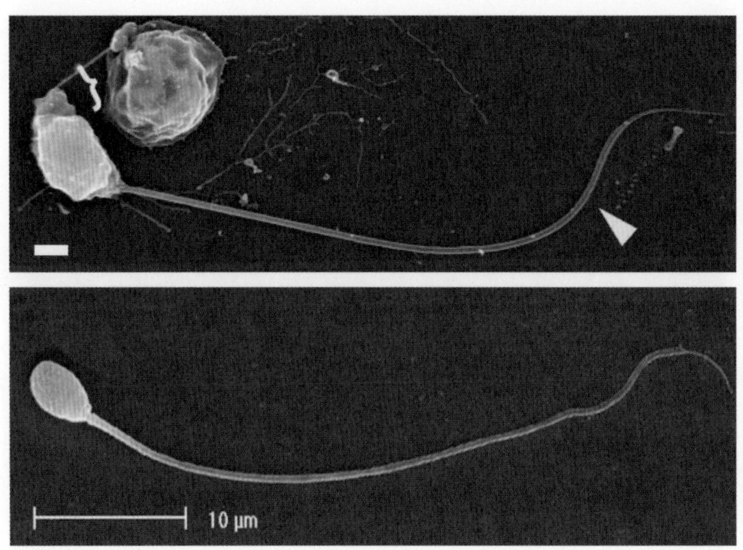

항아리곰팡이의 유주자(위)와 동물의 정자.
크고 둥근 머리와 운동성이 있는 가늘고 긴 꼬리가 매우 유사하다.

닮아서 좋은 점, 닮아서 나쁜 점

유연관계가 가까운 종은 세포의 기능과 대사 방식도 상당히 비슷하다. 그 이유는 유전자가 유사해 발현되는 단백질이 비슷하기 때문이다. 비슷한 단백질은 세포에서 하는 일도 당연히 같을 수밖에 없다. 심지어 곰팡이와 동물의 단백질은 매우 유사해서 어떤 곰팡이의 유전자를 잘라다가 동물의 염색체에 삽입하면 같은 기능을 수행한다. 이런 유사성 때문에 곰팡이는 인간의 유전병이나 암 발생 기작을 연구할 때 실험 모델로 자주 사용된다.

특히 단세포 곰팡이인 효모는 인간의 세포와 모습은 딴판이지만 유전적으로는 매우 유사하기 때문에 실험실의 단골손님이다. 효모의 염색체에 인간의 유전자를 이리저리 자르고 붙여서 그 영향이 어떻게 나타나는지 효모가 자라는 모습을 관찰하는데, 단백질의 기능에 따라서 효모의 모양이 특이하게 변하거나 특정한 대사 과정에 이상이 생기기도 한다. 그 결과를 분석해서 인간의 유전자가 어떤 질병에 영향을 주는지 밝히는 것이다.

예를 들어 p53이라는 단백질은 암 연구 분야에서 가장 유명하고, 또 관련된 암 발생 조절 기작도 가장 많이 연구되었다. 이 단백질의 기능을 밝히고 암 발생 기전을 해명한 연구의 일등 공신도 단연 효모였다. 효모에 p53을 삽입하고 이런저런 돌연변이를 유발해 효모의 형태를 비교한 결과, p53의 기능은 물론이고, 돌연변이가 잘 일어나는 지점, p53의 영향을 받는 다른 유전자 등 세포 생물학의 주요한 메커니즘을 밝힐 수 있었다. 인간에게 발생하는 암의 50퍼센트 정도가 p53 단백질의 돌연변이 때문이라고 하니 효모가 암 정복을 향한 기초를 쌓는 데 아주 중요한 역할을 한 셈이다. 그뿐만 아니라, 유방암을 일으키는 데 결정적인 역할을 하는 BRCA BReast CAncer gene라는 단백질의 초기 연구도 효모에서 시작되었다.

또 효모의 다양한 대사 작용에 관여하는 단백질을 연구하여 인간의 대사 질환과 관련된 유진병의 원인을 찾아내고 치료법을 개발하는 데 응용하기도 했다. 최근에는 효모의 생존에 필수적인 유전자를 제거하고, 그 유전자와 유사한 인간의 유전자 400여 개를 효모에 삽입하는 연구를 진행하기도 했다. 만약 인간의 유전자가 효모에서 비슷한 기능을 한다면 인간의 유전자가 죽어가는 효모를 살릴 것이라고 가정한 것이다. 놀랍게도 삽입한 인간 유전자의 절반 정도가 효모에서 제 기능을 발휘하면서 효모의 생존에 큰 기여를 했다. 인간은 효모와 비교할 수 없을 정도로 복잡한 구조를 가지고 있고, 유전자의 수도 효모가 5천 개, 인간이 약 2만 개로 차이가 큰 데도 불구하고, 생존에 필수적인 유전자의 50퍼센트가 두 개체에서 정상적으로 작동했다. 두 생물이 서로 많이 닮았다고 충분히 볼 수 있는 것이다. 곰팡이와 인간의 닮은 점 덕분에 효모를 인간의 유전자를 연구하는 모델생물humanized yeast로 활용하면서, 인간의 질병을 이해하고 치료할 수 있는 답을 찾는 데 큰 도움을 받고 있다.

하지만 곰팡이와 인간이 이렇게 서로 닮은 점이 많다 보니, 곰팡이병에 효과적인 항진균제를 찾는 진균학자의 고충도 만만치 않다. 세균 감염을 치료하는 항생제의 경우 인간 세포에는 없는 세균의 세포벽을 깨거나 혹은 세균에만 존재하는 효소와 대사 과정을 저해하는 물질을 쉽게 찾을 수 있어 효과적인 항생제가 많이 개발되어 있다. 그에 반해 곰팡이의 대사 과정은 대부분 사람과 비슷하기 때문에 곰팡이의 대사 과정을 저해하는 물질을 항진균제로 사용하면 인체에 심각한 부작용을 일으키게 된다. 다시 말해, 항생제는 세균만 죽이지만, 항진균제는 사람도 죽일 수 있는 것이다. 게다가 곰팡이 세포막의 스테롤 성분인 에고스테롤*을 공략하거나 곰팡이 세포벽의 작용을 방해하는 항진균 물질을 발견했다고 하더라도, 효과가 미비하거나 효과가 있더라도 동물 세포에 부작용이 있는 경우가 많다. 이처럼 효모와 동물의 닮은 점은 다양한 세포생물학 연구의 도구로 인간의 질병을 연구하고 치료법을 찾는 데 유용하게 쓰였지만, 요즘처럼 곰팡이 질환이 점점 늘어가는 시기에는 바로 이런 닮은 점 때문에 곰팡이 질환을 치료하는 데 애를 먹기도 한다.

노벨상과 효모의 인연

2000년대에 노벨 생리의학상을 수상한 사람 중에는 효모를 실험 모델로 연구했던 과학자들이 단연 돋보인다. 2001년 노벨상은 세포 주기를 조절하는 단백질인 사이클린을 발견해서 세포 분열의 원리를 밝히고 암 연구의 기초를 닦은 세 명의 연구자에게 돌아갔다. 2006년 노벨 화학상 수상자인 로저 콘버그Roger D. Kornberg도 효모를 모델생물로 연구해서 진핵생물의 유전자 발현 기작을 규명했다. 2009년에는 효모의 염색체를 보호하는 말단소체telomere 합성효소의 작용을 연구한 세 명의 과학자가 노벨 생리의학상을 수상했다. 효모 연구자의 노벨상 수상은 2013년과 2016년에도 이어졌다. 2016년 수상자인 오스미 요시노리大隅良典는 효모의 자가

* 에고스테롤ergosterol은 동물의 콜레스테롤처럼 진균류 세포막의 유동성을 조절한다.

포식autophagy 기작을 밝힌 공로를 인정받았다. 이 과학자들의 공통점이라면, 1990년대에 이미 유행이 지났다고 생각했던 효모를 모델생물로 꾸준히 연구했다는 것이다. 2001년 수상자인 티머시 헌트Richard Tiomthy Hunt는 한국을 여러 차례 방문했는데, 고등학생들을 대상으로 한 특별 강연에서 "전 그리 똑똑한 사람이 아니지만 꾸준히 관찰을 계속하다 보니 우연히 사이클린을 발견해 노벨상을 받게 됐습니다. 조만간 여러분 중에서 노벨상을 받는 첫 한국인이 나올 거라 생각합니다"라고 수상 소감을 밝혔고, 요시노리 교수는 스스로를 "나는 경쟁적인 사람이 아닙니다. 그래서 많은 사람이 일하는 분야보다 남들이 관심을 갖지 않는 새로운 분야를 개척하길 원했습니다"라고 말했다.

나는 왜 한국에서 박사 학위를 하고도 멀고 먼 미국에 정착할 수밖에 없었을까 생각해 본다. 일개 대학원생의 눈에도 한국에서는 진균학자로 연구할 운신의 폭이 너무 좁고 빈약했다. 만약 그때 한국에 머물렀다면, 지금까지 곰팡이를 연구할 수 있었을까? 아마도 그러지 못했을 것 같다. 왜 우리나라에서는 노벨상 수상자가 나오지 않을까? 매년 같은 질문을 하기에 앞서, 과연 우리나라는 이런 학자들의 인기 없는 연구를 지원하고 기다려 줄 준비가 되어 있는가 돌아봐야 한다. 스타 과학자가 각광을 받고 그에게 전폭적인 지원이 몰릴 때도, 묵묵히 자신의 열정을 따라 연구를 이어가며 외롭게 정진하는 학자를 기억하고 후원하는 연구 환경이 되기를 고대한다.

Mycosphere 04

당신을
사랑합니다

나는 대학원에 진학하면서 효모 유전학 연구실에서 연구를 시작했다. 지금 생각해 보면 부끄러운 이야기지만, 그때는 빵을 부풀리는 효모와 맥주를 발효시키는 효모가 사카로미세스*Saccharomyces cerevisiae*라는 같은 곰팡이라는 것조차 몰랐다. 효모를 키우던 실험용 배지에서 풍기던 향기와 막걸리의 향긋한 냄새가 겹쳐지면서, 그제서야 "아, 이 미생물이 바로 그 효모?"하던 시절이었다. 책으로 연애를 배운 사람이 그런 것처럼, 책으로 배운 미생물은 교실 밖에서는 영 쓸모가 없었다. 일자무식인 첫 제자를 가르치느라 지도 교수님은 꽤나 힘드셨을 것이다.

다행히도 지도교수님은 차근차근 효모를 키우는 방법을 비롯해 효모 유전학의 기초를 꼼꼼히 가르쳐 주셨는데, 한 번은 여러 종류의 효모 균주를 보여 주면서, 효모는 반수체haploid와 배수체diploid 상태를 유지하며 계속 키울 수 있다는 이야기를 하셨다. 이게 도대체 무슨 소리지? 반수체와 배수체 효모라면, 인간처럼 감수분열을 해서 정자와 난자를 만들고 이들이 만나 태아가 발생하는 유성생식sexual reproduction으로 만들어진 효모란 말인가? 무식이 들통날 것 같아 교수님께 질문할 용기는 없었지만, 유성생식은 복잡한 진핵생물만 할 것이라고 생각했던 나에게 곰팡이가 유성생식을 한다는 사실은 다소 충격이었다. 게다가 유성생식을 하는 과정에서 곰팡이가 페로몬을 분비해서 상대방을 유혹하기까지 한다니 …. 도대체 대학 4년 동안 난 무엇을 배운 것인가 하는 자괴감마저 들었다. 그런데 균사를 뻗어 빠르게 자랄 수 있고, 동그란 세포를 뚝뚝 떼어서 순식간에 개체수를 늘릴 수 있는 곰팡이가 굳이 왜 유성생식이 필요할까?

무성생식과 유성생식, 뭣이 중헌디

생태계의 많은 생물은 다양한 방법으로 번식한다. 세균은 하나의 세포가 반으로 뚝 잘려서 두 개의 세포가 되는 이분법으로 번식한다. 효모는 동그란 세포에서 싹처럼 작은 눈이 나와서 자란 세포가 떨어져 나가는 출아법으로 번식한다. 식물은 줄기를 잘라서 땅에 꽂으면 새로운 개체가 자라기도 하고, 플라나리아 같은 생물은 몸의 일부를 잘라 새로운 개체를 만들기도 한다. 이런 방법을 무성생식asexual reproduction이라고 한다. 무성생식을 할 때는 원래 세포의 유전 물질이 그대로 복제되어 새로운 세포로 전달되고 처음 세포와 똑같은, 즉 유전적으로 동일한 세포가 만들어진다.

유성생식도 새로운 세포를 생산하는 과정이기는 하지만, 무성생식과 다른 결정적인 차이는 두 세포의 유전 물질이 조합해 원래 세포의 유전 물질이 반반씩 섞여 있는 새로운 세포를 만든다는 것이다. 인간을 예로 들어 보자. 우리는 평생을 배수체(2n)로 지낸다. 배수체라는 의미는 같은 종류의 염색체를 두 개, 즉 한 쌍을 갖는다는 의미다. 한 쌍의 염색체 중 하나는 아버지로부터, 다른 하나는 어머니로부터 받는다. 남자는 상염색체 22쌍과 성염색체 1쌍으로 X와 Y 염색체를 가지고 있다. 여자는 22쌍의 상염색체와 두 개의 X 염색체를 갖는다. 그 결과 44개의 상염색체와 2개의 성염색체를 합쳐 총 46개의 염색체를 체세포에 지니고 있다. 유성생식을 하는 과정에서는 배수체(2n)였던 세포에서 반수체(n)를 형성한다. 이때 한 쌍씩 있던 염색체를 반으로 갈라 상염색체 22개와 성염색체 1개를 갖는 세포가 만들어진다. 우리 몸의 생식 기관에서 만들어진 난자와 정자가 바로 반수체다. 난자와 정자는 수정이 되지 않으면 바로 죽게 되니, 인간이 반수체로 살면서 무언가를 한다는 것은 무의미한 이야기다. 반면 곰팡이는 일생의 대부분을 반수체로 살아가는 경우도 있고, 무성생식(혼자서 새로운 개체를 만듦)과 유성생식(다른 곰팡이를 만나 자식을 생산)의 두 방법으로 모두 번식할 수 있다.

곰팡이의 사랑 이야기

효모는 대부분의 시간을 반수체로 지내고 무성생식으로 개체수를 늘린다. 효모의 무성생식 방법은 하나의 세포에서 작고 동글동글한 세포를 싹을 틔우듯 만들어 내는 출아법budding이다. 양분이 풍부하고 성장에 적당한 온도인 섭씨 25~30도 정도의 환경에서 효모는 대략 한 시간에 한 번씩 새로운 세포를 만드는데, 싹을 틔우는 세포를 모세포mother cell, 새로 돋아나는 세포를 딸세포daughter cell라고 부른다. 엄마와 딸이라니, 재미있는 표현이다. 새로 만들어지는 세포를 자식 세포나 아들 세포라고 하지 않고 딸세포라고 부르는 이유는 딸세포도 곧 엄마가 되어 새로운 생명을 만들기 때문일 것이다.

효모는 딸세포에게 자신이 가지고 있던 유전자와 세포질을 나누어 준다. 모세포가 딸세포를 만들어 낼 때마다 세포의 일부를 떼어 준다면, 딸세포가 떨어질 때마다 모세포는 점점 작아지게 된다. 그래서 모세포는 딸세포를 분리하기 전에 딸에게 줄 만큼의 유전 물질과 세포질을 새로 만들어야 한다. 그래서 무성생식을 하는 동안 모세포에서는 다양한 활동이 동시에 일어난다. 먼저 모세포는 자신의 염색체를 복제한다. 염색체를 두 배로 늘리지 않고 모세포가 자신의 염색체를 딸세포에게 나눠 준다면, 두 세포 모두 염색체의 양은 절반이 될 것이다. 다음 세대에는 절반의 절반으로 또 줄어들 것이다. 그래서 세포는 세포 분열이 일어나기 전에 염색체를 두 배로 불리는 복제 과정을 거친다. 효모의 모세포는 원래 16개의 염색체가 있고, 이 염색체를 복제해서 자신과 똑같은 양의 염색체를 딸세포에 전달한다.

이 과정에서 염색체가 복제되는 시기와 딸세포가 갈라지는 시기가 정확히 맞아야 세포 분열이 오류 없이 일어날 수 있다. 두 과정이 어떻게 그토록 딱딱 맞아떨어지는지 그저 신기할 따름이다. 이 과정을 연구한 과학자들은 세포 분열의 각 단계에서 문지기 역할을 하는 단백질을 찾아냈다. 이 단백질은 세포 주기cell cycle를 조절한다고 해서 사이클린cycline이라고 불리는데, 사이클린 단백질의 발현 양상에 따라 염색체의 복제 과정과 세포 분열 과정이 조절된다. 만약 염색체에 돌연변이가 생기면 사이클린은 세포 분열 과정 자체를 멈추게도 한다. 재미있게도 이 단백질은 곰팡이에만 있는 것이 아니라 우리의 세포에도 존재한다. 만약 그 단백질에 문제가 생기면 정상 세포가 암세포로 변한다는 사실이 알려졌다. 제대로 된 브레이크와 감시가 없는 시스템은 망가지기 마련인가 보다.

효모가 출아법으로 딸세포를 생산하고 있다

효모의 출아 과정에서 모세포의 염색체와 세포질이 딸세포로 건너가고 나면, 둘은 이제 서로 분리할 준비를 한다. 둘은 서로가 연결된 통로에 각자의 벽을 세우고, 벽이 완성되면 엄마와 딸세포가 완전히 분리된다. 둘을 분리하는 일차벽은 키틴chitin으로 이루어져 있고, 이차벽은 글루칸glucan으로 되어 있다. 벽이 완성된 후에 키틴 분해 효소chitinase가 일차벽의 키틴만 분리해서 두 세포를 분리한다. 그 결과로 떨어진 두 세포에는 여전히 글루칸 세포벽이 남아 있어 세포가 터지지 않는다. 모세포에서 딸세포가 떨어져 나간 자리에는 키틴 분해 효소가 잘라내고 남은 키틴이 조금 붙어 있어서 마치 엄마가 임신을 하고 아이를 낳는 과정에서 살이 트고 임신선이 생기는 것처럼 흉터bud scar가 남는다. 이 흉터의 개수를 세어 보면 몇 개의 딸세포를 만들어 냈는지 알 수 있다. 앞에 나온 그림을 보면 가운데 있는 효모에 다섯 개의 흉터가 있다. 이 모세포는 지금까지 적어도 자신과 꼭 같은 염색체를 가진 딸 다섯을 두었고, 지금도 딸세포를 여럿 키우고 있는 중이다.

사랑에 빠진 효모

생물이 유성생식을 하는 이유는 두 개체의 유전자를 조합해서 유전자의 다양성을 창출하기 위해서다. 이 과정이 무작위로 반복될수록 개체군의 유전자 조합은 점점 다양해진다. 그렇기 때문에 지구상의 생물은 위험하고 소모적인 과정을 감수하고라도 유성생식에 최선을 다한다. 물론 무성생식에 비해 시간이 오래 걸리고 여러 단계를 거쳐야 하기 때문에, 개체수를 빨리 늘려야 할 때에는 여간 번거로운 게 아니다. 그래서 유성생식은 환경의 변화에 따라 민감하게 달라지기도 한다. 대부분의 경우 환경이 좋을 때는 무성생식으로 줄기차게 개체수를 늘리다가, 환경이 나빠지거나 생명의 위협을 받게 되면 무성생식을 멈추고 유성생식으로 유전자 재조합을 시도한다. 사랑에 빠지기 위해 평소 하던 일들을 다 집어치우고 온 몸을 던지는 것이다.

우리가 사랑을 시작하는 전제는 무엇보다 '내가 반하게 되는 누군가를 만나야 한다'는 것이다. 아무리 사랑을 하고 싶어도 상대가 없으면 사랑을 할 수 없을 테니 말이다. 그럼 그 '반하는' 이유는 뭘까? 상대방의 외모일까, 아니면 성격? 아니면 이 모든 걸 아우르는, 한 마디로 설명할 수 없는 '끌림'을 유도하는 그 무언가? 곰팡이를 사랑에 빠지게 하는 그 무언가는 페로몬pheromone이라는 작은 단백질이다. 유성생식을 시작하기 위해 효모가 분비하는 페로몬에는 a와 α의 두 종류가 있다. a를 분비하는 효모와 α를 분비하는 효모를 다른 성별로 생각하면 이해가 좀 쉬울 것 같다. 그러니까 a를 분비하는 효모와 α를 분비하는 효모가 같은 장소에 있다면, 서로 상대방의 호르몬을 인식하게 되고 둘은 사랑에 빠지게 된다. 사랑에 빠진 효모는 우리 못지않게 열정적으로 사랑을 나눈다. 평소에 열심히 딸세포를 키우던 효모가 갑자기 손을 놓아 버린다. 그야말로 '그대로 멈춤cell cycle arrest' 상태에 빠지는 것이다. 그리고는 사랑의 호르몬을 뿌려대는 '매력적인 파트너'를 찾아 헤매기 시작한다.

효모는 운동성이 없으니, '헤맨다'는 표현은 사실 맞지 않는다. 그래도 그들은 최선을 다해 파트너에게 가까이 다가가려고 애를 쓴다. 그러다 보니 그림에서 보는 것처럼 몸이 길고 뾰족하게 변한다. 어찌 보면 서양배 비슷한데, 효모를 연구하는 사람들은 프랑스의 만화 캐릭터 쉬무Shmoo와 비슷하게 생겼다고 해서 사랑에 빠진 효모를 '쉬무'라고 부른다. 사랑에 빠진 두 효모의 결합은 인간의 사랑만큼이나 에로틱하다. 쉬무 모양을 한 두 개체는 각자의 몸을 쭉쭉 늘여 마치 키스라도 하듯 서로의 세포 끝부분을 맞닿게 하고는 세포벽과 세포막을 융합해 자신의 핵을 최대한 상대 세포 가까이로 이동시킨다. 곧이어 두 개체의 염색체를 싸고 있던 핵막이 분해되고 두 염색체가 융합되며 두 개체의 유전자가 섞인다. 이 과정을 거친 효모는 다시 한번 감수분열을 진행해서 다양한 유전자 조성을 가진 네 개의 반수체 포자를 만든다. 효모의 사랑이 결실을 맺는 순간이다. 이제 타원 모양의 효모 안에 있는 네 개의 포자에는 두 효모의 유전자가 섞여 있게 된다.

효모가 아닌 다른 곰팡이의 사랑 이야기도 이와 비슷하다. 서로 다른 형질을 가진 두 개의 곰팡이가 만나 짝을 이루고 염색체를 섞어 포자를 형성한다. 그렇게 만들어진 포자는 다양한 형태의 구조물에 자리를 잡는다. 어떤 곰팡이는 무성생식과 유성생식의 두 가지 방법으로 포자를 만든다. 페니실린으로 잘 알려진 푸른곰팡이가 무성생식으로 만드는 포자는 빗자루처럼 생긴 구조물에 포자를 형성하고, 유성생식을 할 때는 동그란 포자 주머니에 포자를 만

왼쪽에는 짝짓기를 위해 한쪽으로 몸을 늘린 효모
오른쪽에는 만화 캐릭터 '쉬무'

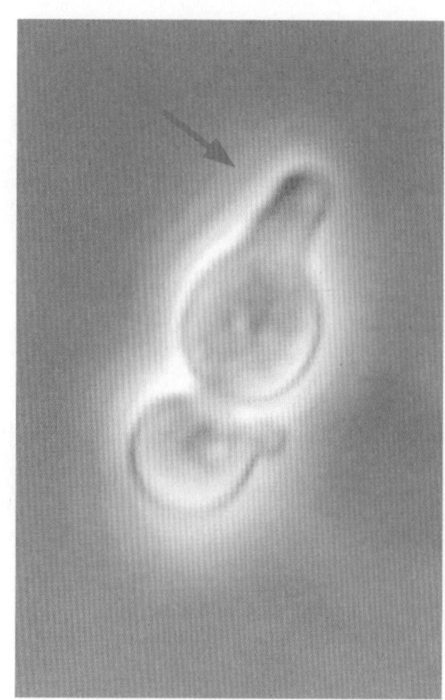

든다. 곰팡이 중에서 가장 진화한 형태인 담자균류는 무성생식 포자를 만들지 않고 유성생식으로만 포자를 만든다. 담자균류의 포자가 생산되는 구조물에는 우리가 따로 부르는 이름이 있다. 바로 버섯이다. 두 종류의 반수체 균사가 만나 배수체가 되고 배수체의 균사가 겹겹이 쌓여 버섯을 만드는 것이다. 이런 다양한 구조물의 공통점은 유성생식을 통해 만들어진 다양해진 염색체를 품고 있다는 것이다.

모든 사랑의 최종 목표가 두 파트너의 유전형질이 적절히 조합된 자손을 만드는 것이라면, 그들 역시 '두 개체의 유전자 재조합을 통해 유전적 다양성을 증대한다'는 사랑의 목적을 이루었다. 재미있게도 수많은 곰팡이 중에서 진화한 종일수록 배수체로 살아가는 시간이 길다. 진핵생물이 진화하는 과정에서 반수체였던 원시진핵생물이 배수체가 되면서, 배수체의 다양한 유전자 조합이 복잡한 생명체로 진화할 수 있는 원동력을 제공했다고 생각할 수 있는 부분이다.

사랑에도 조건이 있다

곰팡이가 유성생식을 하는 경우는 대체로 주변 환경이 좋지 않을 때다. 생존 자체가 위태로운 상황이 되면 곰팡이도 유전적 다양성을 높여 운 좋게 살아남을 자손을 남길 수 있는 기회를 노리는 것인지도 모른다. 그래서인지 영양소가 풍부한 배지를 사용해 곰팡이를 배양하는 실험실에서는 곰팡이의 유성생식을 유도하는 것이 쉽지가 않다. 심지어 어떤 종은 아예 유성생식을 하지 않기도 한다. 처음에는 이런 종을 유성생식을 하지 못하는 '불완전 곰팡이 *Deuteromycetes*'라고 불렀다. 그러다 최근에 이런 불완전 곰팡이도 특정 환경에서는 유성생식을 한다는 것이 알려지면서, 이 곰팡이가 불완전한 것이 아니라, 우리의 연구 방법이 불완전해 아직 그들의 유성생식 조건을 발견하지 못했을 뿐이라고 결론을 내렸다. 그리고 언젠가는 우리가 그들이 유성생식을 하는 조건을 찾을 수 있기를 고대하면서 불완전 곰팡이라는 분류 자체를 폐기해 버렸다.

예를 들어, 호흡기 감염을 일으킨다고 알려진 누룩곰팡이 속의 아스페르길루스 푸미가투스*Aspergillus fumigatus*도 불완전 곰팡이로 알려져 있었다. 그런데 최근 영국 노팅엄 대학의 폴 다이어Paul Dyer 교수팀이 아스페르길루스의 유성생식 조건을 찾아냈다. 이 연구팀은 아스페르길루스를 오트밀을 포함한 배지에 접종하고 6개월 동안 암실에서 배양했다. 이 곰팡이가 유성생식을 하려면 오트밀이 필요하고, 6개월의 시간이 걸린다는 것을 어느 누가 상상이나 했을까? 무수한 시간과 노력을 쏟아 연구에 몰두하지 않고서는 찾아내기 힘든 조건이다. 연구자의 고집과 끈기로 이룬 성과라고나 할까?

다른 곰팡이의 유성생식 조건도 이와 비슷한 과정을 거쳐 찾아낸 경우가 많다. 크립토코커스*Cryptococcus*의 유성생식 조건을 처음 발견한 재미 생물학자 권경주 박사는 이 곰팡이의 유성생식을 유도하기 위해 배지에 야채 주스(V8 주스)를 섞어서 사용했고, 듀크 대학의 조지프 하이트만Joseph Heitman 교수팀은 비둘기 똥을 찾아 노스캐롤라이나 40번 고속도로 인근을 종횡으로 누볐다는 전설 같은 이야기도 전해 온다. 아스페르길루스의 유성생식을 유도하는 오트밀 배지나, 크립토코커스의 유성생식 조건인 V8 주스와 비둘기 똥 모두 곰팡이가 선호하는 영양소가 고갈된, 말하자면 곰팡이를 굶주리게 하는 환경이다. 우리 몸에 상주하는 칸디다 알비칸스도 무성생식으로만 번식하는 불완전 곰팡이로 분류되어 있었다. 하지만 칸디다의 유전체에서 유성생식에 관여하는 유전자가 발견되고, 다른 곰팡이와 유사하게 영양소가 결핍된 상황에서 유성생식과 비슷한 현상을 보이는 것이 알려지면서, 아직 이 곰팡이의 유성생식 조건을 찾지 못한 것으로 생각이 굳어졌다. 자연에서 벌어지는 곰팡이의 생활을 연구실에서 재현하는 길은 멀고도 험하기만 하다.

사랑의 생물학적 고찰

지구에 처음 나타난 생명은 무성생식을 통해 번식했다. 무성생식은 짧은 시간에 동일한 집단의 개체수를 빠르게 늘릴 수 있다는 장점이 있다. 또한 무성생식은 원래의 유전 정보를 잃어버리거나 섞일 위험이 없으니, 환경이 크게 변하지 않는 한 단순한 개체를 원래대로 유지할 수 있는 최선의 선택이다. 하지만 동시에 치명적인 약점이 있다. 다양성이 없는 개체군은 환경이 변하게 되면 모두가 몰살당할 위험이 있다. 생물이 다양한 유전자풀gene pool을 유지하는 방향으로 진화를 계속하는 이유다.

그렇기에 무성생식으로만 번식하는 세균도 여러 경로로 다양한 유전형질을 획득한다. 물론 유성생식이 아닌 다른 방법이다. 항생제에 노출된 세균이 의도치 않게 주위의 유전자를 집어삼켜 살아남거나, 세균을 감염시킨 바이러스가 오히려 세균의 DNA를 배달하는 택배기사가 되는 경우처럼 세균은 우연한 사건을 통해 유전자를 공유하고 유전적 다양성을 확보한다. 그 결과 환경의 스트레스를 극복하고 새로운 형태로 진화하기도 한다.

원핵생물에서 진핵생물이 되는 과정은 단순히 세포의 구조가 복잡해진 것뿐 아니라, 유성생식이라는 중요한 변화가 시작되었음을 의미한다. 리처드 도킨스는 이 모든 과정이 유전자 조합을 통해 유전자를 잘 섞어 환경에 잘 적응하는 개체를 번식해 다음 세대에서도 살아남기 위한 것이라고 보았다. 물론 인간의 사랑은 이런 생물학적 설명만으로 끝낼 수 없는 그 이상의 무언가가 있다. 동물의 유성생식과는 차원이 다른 '아주 특별한 관계'라고 믿고 싶기도 하다. 그리고 생물의 본능을 뛰어넘어 그 위에 덧붙여진 이 특별한 관계, 정신적 유대감, 혹은 의리나 정으로 표현되는 익숙함을 또 다른 차원의 사랑이라고 부른다. 굳이 세계 역사나 문화를 들여다보지 않아도, 사랑은 바로 우리 옆에서 이런저런 방식으로 우리의 삶을 조율하고 있다. 어쩌면 인간의 사랑은 생물학적인 방식을 넘어 또 다른 방식으로 인류를 진화시키고 있는 것은 아닐까?

나는 탐험한다,
고로 존재한다

요정의 고리

버섯에 동그랗게 둘러싸인 나무, 언제 죽었는지 모르게 갑자기 동그란 테 모양으로 말라버린 풀숲, 이런 모습을 보면 뭔가 신비한 기운이 느껴진다. 사람들은 이 고리가 요정이 밤새 춤추며 놀다 간 자리라고 생각했다. 요정들이 둥그렇게 둘러서서 노래 부르며 밟고 다닌 탓에 그 자리의 풀이 죽었다는 것이다. 누군가는 마법사와 마녀가 밤에 축제를 여는 장소라고도 했다. 이들은 요정의 고리 안에 들어가면 저주를 받거나 일찍 죽는다고 여겼다. 심지어는 영영 요정의 세계에 갇히게 될지도 모른다고 했다. 이런 저주에서 빠져나오려면 고리 주위를 아홉 번 돌거나 모자를 거꾸로 쓰고 지나가야 한다고 했고, 아니면 죽을 때까지 고리를 빙빙 돌면서 춤을 추게 될지도 모른다는 저주의 말이 따랐다.

위 그림은 19세기 말의 화가 윌리엄 홈스 설리반의 작품이다.
피리 부는 남자 주위를 요정들이 둘러싸고 춤추고 있다.
아래는 각각 나무 둘레와 잔디밭에 생긴 요정의 고리다.

자연이 만들어 낸 경이로운 현상을 이해할 수 없었던 시절, 자연은 친밀함보다는 두려움의 대상이었다. 동물이나 식물이 내는 형광 물질은 도깨비가 만들어 내는 불로, 화학 작용으로 새겨진 형이상학적 무늬는 신의 계시나 요정의 장난으로 그려지곤 했다. 그중 하나가 잔디밭이나 숲속에 원형으로 자리 잡은 '요정의 고리fairy ring'다. 동물이 밟고 지나갔다고 보기에는 너무나도 명확한 원형이다. 어떤 것은 나무 둘레를 감싸고 있다. 그리고 큰 원형으로 여기저기에 조르르 솟아난 버섯이 보인다. 고리 안쪽이 마치 다른 세상이 된 것 같은 느낌이 들면서 갑자기 목덜미가 서늘해진다. 이렇게 신비로운 버섯의 고리를 보고 우리의 상상력은 다양한 이야기를 만들어 냈다. 고리 안쪽에 있는 나무 근처에 가면 저주를 받는다는 이야기, 요정이나 숲의 정령이 우리에게 주는 경고 혹은 계시와 같은 신비로운 이야기들이 다양한 문화에서 전해 온다. 하지만 요정의 고리를 만드는 비밀스러운 존재는 요정도 도깨비도 아닌 곰팡이다.

곰팡이의 균사hyphae는 상당히 빨리 자란다. 우리가 식탁에 음식을 놓고 그냥 두면 하루나 이틀이면 포슬포슬하게 곰팡이 덩어리가 피어난다. 모델생물로 잘 알려진 붉은빵곰팡이*Neurospora*는 지금까지 알려진 곰팡이 중 가장 빨리 자란다. 이 곰팡이는 1분에 약 40마이크로미터 정도나 자랄 수 있다. 이 속도로 한 시간을 자라면 2.4밀리미터, 5시간 후에는 1센티미터 정도의 균사를 형성할 수 있다.

포자가 처음으로 발아해서 만들어 낸 균사 한 가닥은 대략

20~30마이크로미터 정도로 우리 눈에 보이지 않는다. 반면 균근 다발을 형성하는 곰팡이는 식물의 뿌리로 보일 만큼 굵은 균사체를 형성한다. 균근mycorrhizae의 균사체는 여러 가닥의 균사가 길이 방향으로 자라며 융합해 점점 굵어지다가 나중에는 우리 눈에 보일 정도로까지 크게 자란 것이다. 아래 그림은 세계에서 가장 큰 버섯 군락을 이룬 것으로 유명한 잣뽕나무버섯*Armillaria ostoyae*, 일명 꿀버섯 혹은 신발끈버섯을 배지에서 3주 동안 키운 균근 다발

잣뽕나무버섯의 균근이 마치 식물의 뿌리처럼 보인다.

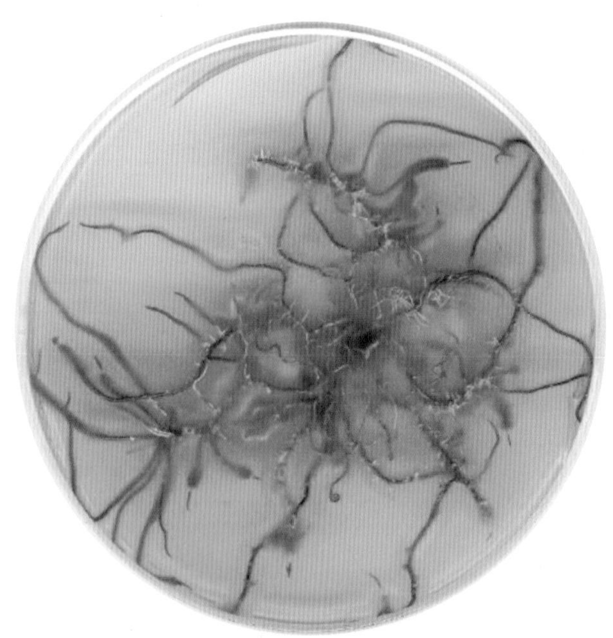

이다. 균사라기보다는 식물의 뿌리처럼 보이는 굵은 균근이 만들어 졌다. 요정의 고리는 식물의 뿌리에 공생하며 균근을 형성한 곰팡이에서, 균사가 처음 발아한 고리의 중심에 있던 세포가 어떤 이유에선지 죽어 버리고, 원형의 균사체 고리만 남아 그 부분에서 버섯이 올라온 것이다. 어떤 곰팡이는 주위의 양분을 빨아들이는데, 간혹 독성이 있는 대사물질을 분비해서 식물의 생장을 방해하기도 한다. 그 결과 균사체 위의 잔디가 고사해서 땅 위에 고리 모양이 형성된다. 만약 숲속에서 고리 모양으로 줄줄이 솟은 버섯을 본다면, 그 아래에는 훨씬 넓은 면적에 걸쳐 균사가 그물처럼 뻗어 있다고 한번 상상해 보자.

탐험의 이유

모든 생물이 저마다 자신만의 특별한 삶의 방식을 선택하는 데는 다 이유가 있다. 곰팡이의 삶을 가장 잘 표현하는 단어는 '탐험과 침투'다. 운동성이 없는 곰팡이에게 탐험과 침투라니! 좀 의아하게 생각할지도 모르겠다. 모든 생물이 생존하는 이유는 오직 자손을 번식하고 생태계에 잘 퍼지도록 하는 것이다. 특히나 운동성이 없는 생물에게 최대한 멀리 씨를 뿌리는 전략은 그들의 존속을 결정하는 중요한 열쇠다. 곰팡이는 '포자胞子, spore'라고 불리는 작은 세포로 번식한다. 포자는 곰팡이가 번식하기 위해 만드는 작은 세포인데, 보통의 세포와 달리 두꺼운 세포벽이 있는 휴면 세포다. 물속에서 처음 발생한 곰팡이는 물에서 움직일 수 있는 '유주자'라는 포자로 번식했다. 하지만 곰팡이가 육상으로 진화하면서 유주자는 아무짝에도 쓸모없게 되었다. 대신 곰팡이는 완전히 다른 전략을 찾았다. 육상에서 늘상 일어나는 공기의 흐름, 즉 바람을 이용하기로 한 것이다. 육상에서 진화한 곰팡이의 포자는 바람에 잘 날리도록 매우 작고 가볍다. 그리고 포자의 표면에 소수성 단백질을 발현해 물에 잘 젖지 않게 했다. 바람에 날리는 포자는 곰팡이가 육상으로 올라와 진화하면서 얻은 생존 기술이다. 만약 곰팡이가 지상으로 올라오지 않고 아직 수중에 살고 있다면, 아마도 곰팡이는 여전히 유주자로 번식하고 있을 것이다.

바람에 날리는 포자는 아무리 가볍더라도 공기의 흐름이 멈추면 어딘가에 떨어지기 마련이다. 포자가 땅에 떨어지면 그 자리를 벗어날 가망이 없다. 그래서 곰팡이가 찾아낸 두 번째 전략은, 포자가 발아를 시작하면 자신의 몸을 길게 늘여 가지를 치는 균사를 만드는 것이다. 균사가 자란다는 것은 곰팡이가 살기 위해 더 넓은 곳을 탐색한다는 것을 의미한다. 균사의 탐색 기능은 가깝게는 몇 센티미터에서, 넓게는 산 하나를 아우를 정도로 방대하다. 미국 오리건주의 말러 국유림에는 2400년 된 잣뽕나무버섯의 균사체가 여의도 공원의 네 배 크기나 되는 지역에 자라고 있다. 세계에서 가장 큰 생물체가 누구냐고? 고래가 아니라 바로 버섯이다!

과연 이 넓은 면적에 퍼져 있는 잣뽕나무버섯이 하나의 개체일까? 만약 공원 구석구석에서 채취한 균사의 유전자가 모두 동일하다면, 그 넓은 면적을 아우르는 균사체를 하나의 개체라고 할 수 있을 것이다. 검사 결과는 놀라웠다. 몇 킬로미터에 걸쳐 채취한 균사 모두 유전자가 동일했다. 이 어마어마한 잣뽕나무버섯도 하나의 포자가 발아해서 자란 하나의 개체였던 것이다. 포자가 처음 떨어진 자리는 숲의 어디쯤일까? 만약 곰팡이가 동서남북에 걸쳐 일정한 속도로 자란다면 대략이라도 그 자리를 짐작할 수 있겠지만, 곰팡이는 특정한 환경을 향해서는 더 빠르게 자라기도 하고, 성장을 멈추기도 한다. 예를 들어, 영양분이 풍부한 쪽으로 균사체를 더 많이 뻗거나, 유성생식을 하기 위해 배우체를 향해 자라거나, 산소가 없는 곳에 갇혀 있던 곰팡이가 산소가 있는 쪽을 향해 자라는 것 모두 곰팡이의 생존을 위해 필수적이다. 어떨 때는 양분을 얻기 위해 숲을 가로질러 새로 쓰러진 나무를 찾아 나서는 탐험을 하기도 한다. 그렇기 때문에 이 거대한 군락을 처음 발생시킨 포자가 떨어진 자리를 찾는 것은 사실 불가능하다.

잠자는 숲속의 포자

균사를 이용한 탐색형 성장은 침투로 이어진다. 곰팡이가 특정한 물질이나 양분을 인지하고 표면에 부착해서 조직 내부로 침투할 수 있는 이유는 균사가 자라는 힘이 있기 때문이다. 균근을 형성하거나, 식물의 잎과 줄기, 또는 동물에 공생하거나 기생하려면 균사를 이용한 곰팡이의 침투 과정이 꼭 필요하다. 이 모든 것이 단 하나의 포자에서 시작된다. 곰팡이의 포자는 공기 중에서 환경이 좋아질 때까지 휴면 상태를 유지한다. 짧게는 몇 달 길게는 몇 년, 혹은 더 오랜 시간을 휴면할 수 있다. 그러다 환경이 좋아지면 발아하기 시작한다. 곰팡이의 포자가 잠에서 깨려면 주변에 양분과 수분이 있고, 온도와 산도가 적정한 조건에 맞아야 한다. 한여름 후텁지근한 장마철에 축축해진 벽지에 포자가 붙었다면 그야말로 포자가 잠에서 깨기에 최적의 조건이다.

또 어떤 곰팡이의 포자는 특정한 나무나 식물에서만 발아한다. 곰팡이가 특별히 이 나무를 간택해서 자리 잡기 때문일까? 꼭 그렇지는 않다. 포자는 일단 공기 중에 퍼지면 식물이나 동물의 표면, 바위나 토양의 표면에 무작위로 내려앉는다. 마침 포자가 앉은 자리에 포자의 발아를 촉진하는 성분이 있다면, 그곳이 곰팡이의 새로운 터전이 된다. 귤이나 오렌지 같은 감귤류 과일citrus에 유난히 푸른곰팡이가 잘 자라는 이유도 이 과일들에 풍부한 비타민 C 때문이다. 그런가 하면 어떤 포자는 발아하려면 극한의 체험을 해야 한다. 붉은빵곰팡이는 1950년대부터 유전학 연구실의 터줏대감 노릇을 했는데,* 실험을 하기 위해 포자를 깨우려면 60도의 온도에서 30분 이상을 데워야 하고, 푸르푸랄furfural이라는 유기물이 있어야 한다. 푸르푸랄은 음식을 조리하는 과정에서 열을 가할

* 붉은빵곰팡이*Neurospora crassa*를 실험 모델로 일주기 리듬circadian rhythms, 후성유전학과 유전자 침묵gene silencing, 세포 극성cell polarization, 세포 융합, 생물 발달 등 세포 생물학과 생화학의 다양한 영역에서 연구가 진행되었다.

때 많이 생성된다. 그래서 붉은빵곰팡이는 산불이 지나가고 난 자리에서 잘 자란다.

이처럼 포자가 발아하기 위해서는 여러 조건이 필요하지만, 그중에서도 가장 중요한 것은 물이다. 포자가 발아하는 첫 번째 단계는 주변에서 물을 흡수해 풍선처럼 부풀어 오르는 것swelling이다. 세포에게 물은 꼭 필요한 물질이지만, 세포를 죽일 수도 있는 커다란 위협 요인이기도 하다. 곰팡이는 끊임없이 물을 흡수해 세포를 팽창시키고 그 압력으로 자란다. 하지만 너무 많은 물이 들어오면 세포는 팽압turgor pressure을 견디지 못해 터질 수 있고, 또 세포질 내 물질의 농도가 변하기 때문에 항상성을 유지하기 위해 세포의 대사 활동이 방해받기도 한다. 그래서 곰팡이는 스스로를 지키기 위해 액포vacuole라는 작은 물주머니를 많이 가지고 있다. 세포에 물이 너무 많아지면 액포에서 물을 흡수해 세포 내 항상성을 유지한다. 또한 곰팡이를 둘러싸고 있는 단단한 세포벽은 물을 많이 흡수한 세포가 팽팽하게 부풀더라도 터지는 것을 막아 준다. 곰팡이뿐 아니라 수중 생활을 하는 세균, 고균, 조류, 그리고 많은 양의 물을 흡수하는 식물의 세포에도 세포벽이 있는데, 이 모두가 진화 과정에서 삼투압에 의해 세포가 터지는 것을 방지하기 위해 형성된 것이다. 하지만 이런 단단한 세포벽은 곰팡이를 삼투 현상으로부터는 보호하지만, 균사가 자라는 데는 큰 걸림돌이다.

건축의 기술

병아리가 알을 깨고 나오려면 단단한 껍데기를 부리로 깨야 한다. 마찬가지로 곰팡이도 세포벽을 허물어야 성장할 수 있다. 곰팡이의 균사가 자라기 위해서는 먼저 자라는 방향의 세포벽을 허물고 균사체의 길이를 늘인 다음 다시 세포벽을 짓는 과정이 필요하다. 우선 세포벽이 허물어지면 주변의 물을 흡수한 균사는 팽압을 이용해 유연한 세포막을 늘려서 성장한다. 그리고 새로 늘어난 균사의 길이만큼 세포벽을 다시 합성해서 세포가 터지지 않게 한다. 이 과정을 밝히기 위해 진균학자들은 오래전부터 균사의 생장 기작을 밝히는 연구를 활발하게 진행했다. 그 결과 자라는 균사 끝부분의 세포벽이 재구성되는 과정이나, 생장에 필요한 물질이 복합체 형태로 수송된다는 사실을 밝혀낸 실험은 곰팡이 연구의 고전이 되었다.

다음 그림은 곰팡이의 세포벽 재구성 과정을 보여주는 대표적인 연구 결과다. 세포벽을 이루는 물질인 키틴은 아세틸글루코사민이 긴 사슬 형태로 결합된 다당류다. 아세틸글루코사민을 방사성 동위원소로 표지해서 배지에 넣어 주면 세포벽이 새로 합성되는 부분에서만 방사능이 검출된다. 이 방법을 이용하면 세포벽의 어느 부위가 새롭게 합성되는지 바로 확인할 수 있다. 먼저 곰팡이가 포자를 만들 때면 포자 전체가 방사성 아세틸글루코사민에 의해 검은 점으로 뒤덮인다. 포자가 형성될 때는 포자 전체에 두꺼운 세포벽이 새로 만들어지기 때문이다(그림 위). 그런데 포자가 발

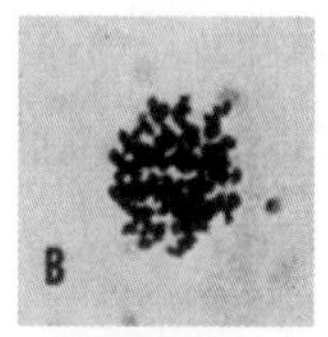

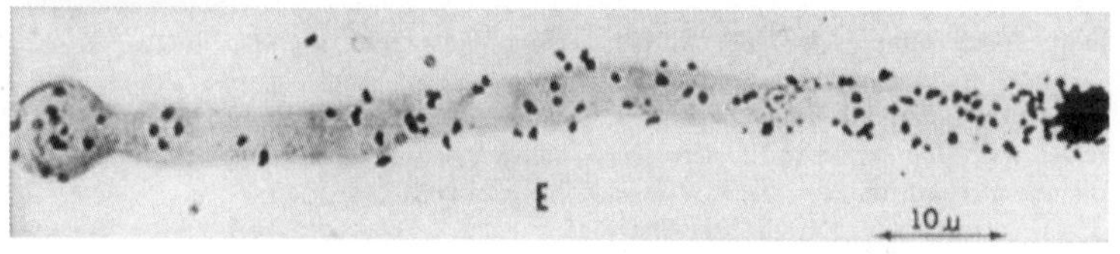

(위) 배지에 세포벽의 구성 물질인 아세틸글루코사민을 방사성 동위원소로 처리해 넣어 주자, 곰팡이 포자의 모든 부위에 세포벽이 형성되며 동위원소에 의한 검은 반점이 나타났다. (아래) 하지만 포자가 균사체를 만들면 방사성 세포벽은 성장하는 균사체의 끝에서만 형성된다.

아해서 균사체를 형성할 때쯤에 방사성 아세틸글루코사민을 넣어 주면 균사체의 맨 끝부분에서만 방사능이 검출된다(그림 아래). 즉, 균사의 성장이 끝부분에서 일어나 그 자리에서만 새로운 세포벽이 만들어지는 것이다.

사실 곰팡이가 벽을 허문다는 것은 세포의 운명을 건 위험천만한 일이다. 배양액에서 발아시킨 균사를 불순물이 없는 물로 옮기면, 삼투압에 의해 세포 안으로 물이 흘러들어가 몇 초 만에 균사의 끝 부분이 터져 세포질이 흘러나온다. 포자가 성장하면서 끝부분의 세포벽을 허물었기 때문에 균사의 끝부분이 약해져 삼투압을 견디지 못한 것이다. 하지만 곰팡이는 이러한 위험을 무릅쓰고 세포벽을 허물어야만 성장을 할 수 있다.

발은 누울 자리를 보고 뻗을 것

곰팡이의 포자에서는 오직 하나의 발아관이 솟아 나오고 이 발아관이 점점 길어지면서 균사가 된다. 어느 방향으로 발아관을 뻗을 것인가? 성장에 가장 좋은 방향을 찾기 위해 세포는 복잡한 의사 결정 과정을 거친다. 다음 그림에서 회색으로 표시된 부분은 균사가 자라는데 필요한 효소와 단백질 복합체가 모여 있는 곳이다. 발아관이 형성되기 전에는 이 단백질 복합체가 포자 안에서 왔다 갔다 모였다 흩어졌다 하며 어수선한 모습을 보이는 것을 관찰할 수 있다. 사실 단백질의 이런 방황은 포자 세포벽의 약한 부분을 찾기 위해 이리저리 벽을 두드리는 것이다. 이 현상을 발견한 연구팀은 단백질의 이런 활동을 '무작위적 방황stochastic wandering'이라고 불렀다. 그러다 약한 곳을 찾으면, 그곳에 모든 에너지를 모아 한 방향으로 자라기 시작한다. 곰팡이를 비롯해 모든 생물은 일생을 건 선택을 하기 전에 이렇게 자발적 방황의 시간을 갖는다. 어떤 식으로든 성장하기 위해서는 이런 방황과 선택은 필연적인 통과의례인 지도 모른다. 우리도 일생의 어느 한 시기에 질풍과 노도처럼 목적과 방향 없이 헤매고 방황한다. 그러다 시간이 지나면 자연스레 그 과정을 통과하고 어른으로 새 삶을 찾게 되는 것처럼 말이다.

어수선한 방황 끝에 새로운 길을 찾은 곰팡이는 이제 주저하지 않고 한 방향으로 균사를 뻗어 나간다. 균사체가 한 방향으로 뻗어 나가는 데에는 '첨단소체spitzenkörper'라는 단백질 복합체가 꼭

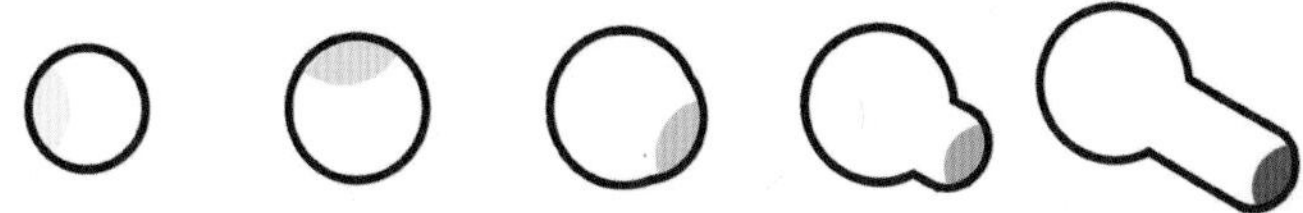

단백질 복합체(회색 부분)가 포자 안에서 벽을 따라 이리저리 옮겨 다니다 한쪽으로 방향을 정해 발아관을 뻗고 있다.

필요하다. 첨단소체가 제대로 자리를 잡지 못하면 균사가 방향을 잃고 꼬불꼬불 이리저리 방황하게 된다. 이 단백질 복합체는 균사체 끝 쪽에 모여 끝부분이 계속 자라도록 압력을 가하고, 성장하는 가지가 계속 이어서 자라도록 세포 합성 효소를 불러 모은다. 첨단소체는 자라는 환경을 인지할 수도 있어 균사가 자라다가 막힌 곳을 만나면 그 자리를 피해 돌아가게도 한다. 그 덕에 한 방향으로만 자라던 균사가 어느 정도 길게 자라면 가지를 치기 시작한다. 하나의 발아관에서 자란 균사체가 점점 복잡한 그물 구조를 형성하게 되는 이유도 가지를 치기 때문이다. 어떤 과학자는 이런 균사를 굳이 '첨단확장분지섬유apically extending branching filaments'라는 말로 표현했다. 균사가 자라는 동안은 균사의 끝을 제외한 다른 부분에서는 세포 활동을 멈추고, 모든 에너지를 균사의 끝 부분에 쏟는다. 그 힘으로 곰팡이의 균사는 단단한 식물의 세포벽에 침투하기도 하고, 동물의 피부세포에 파고들기도 한다. 심지어는 균사가 뻗어 나가는 곳마다 바위가 갈라지기도 한다. 선택과 집중의 힘, 곰팡이를 자라게 하는 원동력이다.

엉킨 솜뭉치의 비밀

실험실에서 곰팡이 균사를 키우는 방법은 아주 간단하다. 곰팡이 포자를 멸균된 이쑤시개 끝에 살짝 묻혀서 동그란 배지 한가운데에 눈에 보이지 않을 정도로 작은 점 하나를 찍고 상온에서 일주일 정도 배양하면 곰팡이 균사가 솜뭉치처럼 배지 전체를 뒤덮으며 자라난다. 원의 한 가운데에 떨어진 포자가 발아해서 방사형으로 균사를 뻗으며 자란 것이다. 그물 구조를 형성한 균사가 마치 이리저리 엉켜있는 솜뭉치처럼 보인다. 처음 포자에서 한 가닥의 균사를 뻗은 곰팡이가 솜뭉치처럼 방사형으로 자라는 이유는, 균사가 어느 정도 길이가 길어지면 새로 가지를 쳐서 뻗어나가기 때문이다.

균사가 뻗어나가면서 가지를 치는 데 어떤 특별한 규칙이 있을까? 궁금하다면 포자를 발아시켜 시간대별로 곰팡이의 균사 모양을 관찰해 보면 알 수 있다. 요즘에는 연속 촬영이 가능한 현미경에 포자를 발아시킨 배지를 걸어 놓고 퇴근하면, 현미경에 연결된 컴퓨터에 촬영된 이미지가 저장되고, 이미지 분석 소프트웨어가 균사 모양을 재구성하여 가지 치는 순서와 방향까지 비디오로 보여 준다. 하지만 1900년대 초에 이 실험을 계획했다면, 누군가 밤새 현미경을 지키고 앉아서 매 시간 관찰 결과를 스케치 해야만 그린 그림을 얻을 수 있었다. 실제로 정말 밤을 새워 가며 균사가 자라는 모양을 그린 사람들이 있었다! 위의 그림은 1900년대 초에 손으로 그린 균사체의 모습이고, 아래는 2000년대에 연속촬영기

법으로 얻은 데이터다. 별반 차이가 없을 뿐 아니라, 심지어 손으로 그린 그림이 더 예술적으로 보인다.

연구 결과 발견한 재미있는 사실은 맨 처음 발아관이 형성되어 자랄 때, 처음에는 가지를 치지 않고 한 방향으로 자란다polarized growth는 것이다. 짧게는 한 시간에서 길게는 두세 시간 동안 발아

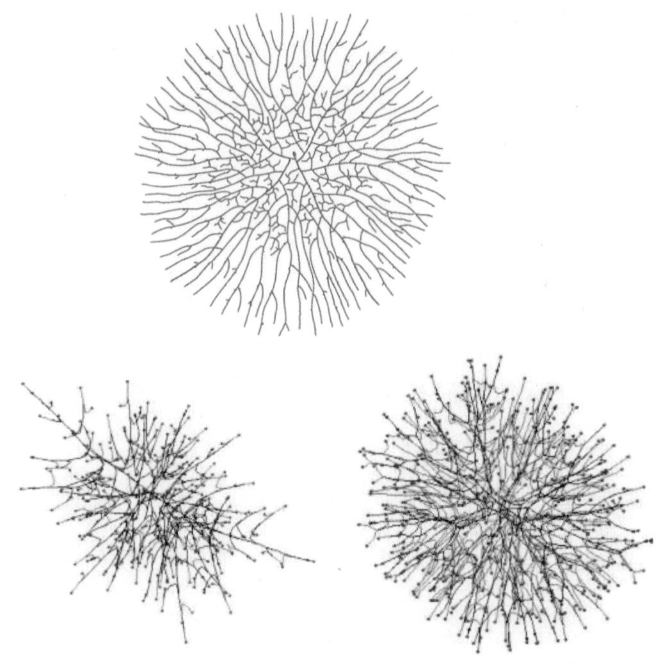

곰팡이 균사는 방사형으로 가지를 치며 자란다.
위쪽은 시간대별로 균사의 성장을 펜으로 그린 것이고,
아래쪽은 현미경 촬영 사진을 컴퓨터 그래픽으로 변환한 것이다.

관은 하나의 선으로 자란다. 그리고는 곁가지가 나오는데, 초기에 생긴 곁가지는 최초 발아관이 자라던 방향의 수직으로 나온다. 균사의 길이가 점점 길어지면서 초기의 곁가지에서 또 다른 가지가 형성되면서 이제 여러 방향으로 자란다. 그러다 보면 균사끼리 엉키고 꼬일 법도 한데, 절대 그렇게 되지 않는다. 곰팡이의 균사체는 여러 방향에서 자라는 균사를 감지하고, 주위 공간이 확보되면 서로를 피해 자란다negative autotropism. 심지어 새로운 균사가 자라다가 다른 균사체를 만나면 피해가는 데 30분에서 1시간 반 정도밖에 걸리지 않고, 20~30마이크로미터 정도의 거리를 두고도 서로 비껴 자란다. 그래서 아주 가늘고 미세한 균사도 서로 엉키지 않는다. 우리는 누군가 옆에 있다는 걸 눈으로 보거나 소리를 듣고 알아차리지만, 균사는 서로 가까이 있다는 것을 어떻게 아는 걸까? 균사는 성장에 필요한 에너지를 합성하기 위해 세포 호흡을 하는데, 이때 산소를 흡수하고 이산화탄소를 방출한다. 놀랍게도 균사는 주위의 미세한 이산화탄소 농도 변화를 감지해서 이웃의 균사를 피한다.

균사가 점점 더 크게 자라 성숙하게 되면 정반대의 일이 일어나기도 한다. 어린 균사체의 끝부분이 늙은 균사를 만날 때 서로 합쳐지는 것이다positive autotropism. 그 결과 오래된 균사체가 자리 잡은 중심부에서 균사체의 융합이 일어나 네트워크가 더욱 유기적으로 연결되어 보나 효율적인 영양 분배와 소통이 가능해 진다. 균사체의 융합은 식물의 뿌리에 균근을 형성하거나, 버섯처럼 눈에 보이는 큰 구조물을 만드는 데 꼭 필요한 과정이다. 필요에 따라서 서로를 방해하지 않도록 피하기도 하고, 합쳐지기도 하는 유연성이 놀랍기만 하다. 균사 하나를 가는 수도관이라고 보면 이 수도관은 막힘없이 서로 연결되고, 또 모이면 합쳐져서 더 굵은 수도관으로 이어지기도 한다. 그렇게 연결된 많은 균사체가 모여 수십 미터가 넘는 군락을 이룬다. 또 그 수도관은 서로 양분을 나누는 배수관이 되기도 하고, 한쪽에서 받은 신호를 반대편에 전달하는 통신선 역할도 한다. 그리고 그 수도관이 맞닿는 곳에는 식물의 뿌리가 연결되기도 하고, 다른 생물과 소통하는 커뮤니티가 닿게 되기도 한다. 구석구석 잘 연결된 통로를 가지고 소통하는 거대한 곰팡이의 모습, 상상만으로도 대단하고 놀랍고 아름답다.

나이가 들면서 생각의 유연성을 잃은 사람을 꼰대라고 부른다. 한 가지 일에 꽂혀서 다른 생각을 하지 못하는 사람을 외골수라고도 부른다. 이런 사람의 공통점은 생각의 유연성이 떨어져 다른 방향의 선택을 하지 못한다는 것이다. 곰팡이는 유연하게 균사를 늘리고, 방향을 전환하고, 네트워크를 형성하며 삶을 유지한다. 아침에 꽉 막힌 사람을 만나 성을 내다가도, 점심 때면 섣부른 말 한마디로 남의 마음을 아프게 한다. 만약 곰팡이라면 그런 상황에서 어떻게 했을까? 이제 생각이 유연한 사람에게 '곰팡이 닮았다'고 하면 화를 내려나?

세심한 관찰은 위대한 발견의 출발점

로버트 훅(1635~1703)은 아이작 뉴턴과 함께 17세기 영국을 대표하는 과학자로 물리학, 현미경학, 건축 등 다방면에 놀라운 재능을 선보여 영국의 다빈치라고 불린다. 하지만 한동안은 뉴턴에 가려 빛을 보지 못했다. 업적에 비해 제대로 된 평가를 받지 못한 비운의 과학자라고 할 수 있다.

훅은 자신이 제작한 현미경으로 관찰한 샘플 스케치를 모아 현대 현미경학의 고전인 《마이크로그라피아》를 출간하면서, 생명의 기본 단위인 세포에 '셀cell'이라는 이름을 지어 주었다. 훅이 관찰한 재료가 마침 죽은 나무 조직인 코르크였기 때문에 그가 관찰한 것은 세포질이 다 말라 버린 텅 빈 세포벽뿐이었다. 그 모양이 마치 수도승이 살던 작은 방 같다는 생각에 '셀'이라는 이름을 붙였다고 한다. 만약 세포벽이 없는 동물의 세포를 관찰했다면 아마 세포의 이름도 달라지지 않았을까?

훅은 곰팡이와도 인연이 깊은 과학자다. 그는 현미경을 이용해 곰팡이를 관찰하고 그 형태를 기록했다. 다음 그림은 그가 직접 그린 곰팡이 스케치다. 그가 350여 년 전에 만든 현미경은 현재 우리가 사용하는 현미경에 비하면 조잡하고 성능도 좋지 않았다. 그런 현미경으로 이런 스케치를 남겼다는 것이 놀라울 따름이다. 요즘 대학의 미생물학 실험 수업에는 이보다 훨씬 좋은 현미경을 제공한다. 그런데도 학생들의 관찰 스케치는 이보다 훨씬 못하다는 아이러니한 현실. 사실 문제는 현미경의 성능이 아니라 관찰자의 자세가 아닐까?

로버트 훅은 현미경으로 다양한 미생물을 관찰하고 스케치를 남겼다.
그가 그린 곰팡이 스케치의 세밀함과 정확성은 지금 봐도 놀라울 정도다.
그는 자신의 현미경 스케치를 모아 31살 때인 1665년에 《마이크로그라피아》를 출간했다.

Mycosphere 06

먹고 사는 이야기 — 발효와 호흡

나는 미생물의 대사 과정에 관한 강의를 할 때면 늘 같은 질문으로 시작한다. "우리는 왜 먹어야 할까요?" 당황한 학생들의 대답이 재미있다. "살기 위해서 먹죠." 그렇다. 우리는 살기 위해 먹고, 잘 먹어야 잘 살 수 있다. 생물에게 먹고 사는 것만큼 중요한 것도 없다. 잘 먹어야, 잘 산다. 영어에도 "eat well to live well"이라는 말이 있고, 우리말에도 "먹고 죽은 귀신은 때깔도 좋다"는 속담이 있지 않은가?

하지만 이런 말도 있다. "배부른 돼지보다 배고픈 소크라테스가 돼라." 우리는 가끔 먹는 것을 천박하게 느끼기도 한다. 먹기 위해 사는 게 아니라고 애써 부정하기도 한다. 하지만 안타깝게도 먹지 않고 살 수 있는 생명은 없다. 모든 생명에게 변하지 않는 진리다.

나는 학생들에게 두 번째 질문을 던진다. "우리가 먹은 것은 우리를 어떻게 살릴까?" 잠시 침묵이 흐른다. 우리는 막연히 우리가 먹은 음식이 에너지가 된다고 상상하고, 배가 부르면 힘이 나는 것처럼 느낀다. 하지만 배가 부르다고 음식이 바로 에너지가 되는 것은 아니다. 그럼 실제로 세포에서는 어떤 일이 일어나는 걸까?

'먹는다'의 생물학적 의미

공장에서 기계를 돌려 제품을 만들려면 에너지와 원료가 필요하듯이, 세포의 모든 대사 과정에도 에너지와 세포를 만들 원료가 필요하다. 생물이 주위 환경에서 얻은 재료를 이용해 '먹고 사는' 과정을 '대사 작용metabolism'이라고 한다. 대사 과정은 세포 안에서 일어나는 모든 화학 반응을 의미하는데, 고분자 물질을 저분자 물질로 분해하면서 에너지를 얻는 분해 대사(이화 과정, catabolism)와, 이 과정에서 생긴 에너지와 저분자 물질을 이용해 세포의 복잡한 구조를 만드는 합성 대사(동화 과정, anabolism)로 구분한다. 모든 생명체는 각자 자리 잡은 환경에 적응하면서 다양한 가용 자원을 이용해 에너지를 얻는 방식을 터득했다.

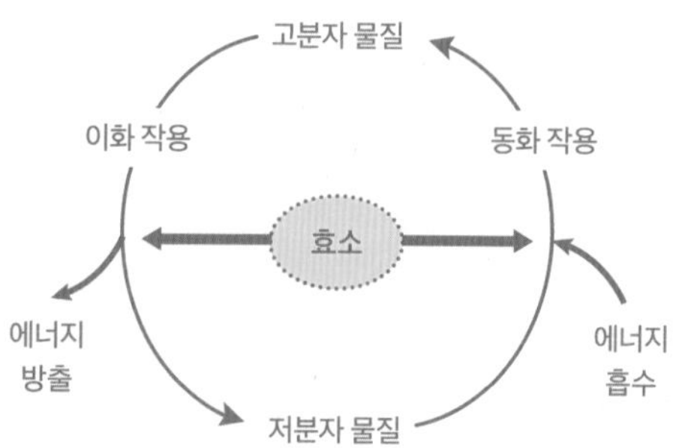

생물은 주위의 물질을 '먹어' 자신의 몸 내부로 받아들인다. 몸 안의 효소는 이 물질을 잘게 분해하고 그 과정에서 에너지를 내놓는다.
이렇게 만들어진 에너지와 작은 물질을 이용해 생물은 생장하고 번식한다.
우리는 이런 대사 과정을 통해 생활하고 성장하고 자손을 남긴다.

그들의 일용할 양식

미생물은 생태계에 존재하는 거의 모든 유기물과 무기물을 에너지원으로 사용할 수 있다. 동물이 암석을 갉아 먹고 사는 것은 상상할 수 없지만, 실제로 미생물 중에는 암석을 갉아 먹고 사는 종도 있다. 이런 미생물을 무기영양체lithotroph라고 하는데, 이들은 암석에 포함된 철이나 황, 구리와 같은 무기물을 산화시켜 에너지를 얻는다. 불모지의 개척자인 지의류를 구성하는 곰팡이도 암석을 산화시켜 양분으로 사용한다. 어떤 미생물은 일반적인 대사 작용으로는 분해할 수 없는 성분을 에너지원으로 사용한다. 이들은 기름이나 화학 물질도 분해할 수 있어, 원유 유출로 오염된 장소를 정화하거나, 농약이나 살충제를 분해해서 토양 오염을 제거하는 데도 사용된다. 이들 미생물은 다양한 물질을 이용할 수 있도록 진화되었기 때문에 다른 생명체는 살 수 없는 지구의 극한 환경에도 잘 적응하고 살아간다.

이와 비교하면 인간을 비롯한 다세포 동물은 대사 과정이 상당히 제한적이라 살 수 있는 조건이 매우 좁은 편이다. 우리는 너무 춥지도 너무 덥지도 않고 적당한 양분과 수분이 있는 곳에서만 살 수 있다. 게다가 에너지를 얻는 대사 과정도 매우 제한적이다. 동물은 탄수화물이나 단백질, 지방 같은 유기물을 흡수하고 산화해서 에너지를 얻는다. 다만 그 유기물이 어떤 종류인가에 따라 초식성, 육식성, 잡식성으로 나뉠 뿐이다. 이처럼 주위 환경에서 얻은 에너지원을 이용해서 사는 생물을 종속영양생물이라고 한다.

반면, 식물이나 이끼류 혹은 광합성을 하는 원생생물이나 남세균은 태양 에너지를 이용해서 물을 분해하고 그 과정에서 얻은 에너지로 포도당을 합성해 자급자족하는 독립영양생물이다. 독립영양생물은 광합성 산물을 종속영양생물과 공유하며 그들을 먹여 살린다. 종속영양생물인 초식동물이 풀을 뜯어 먹으면 독립영양생물의 광합성 산물이 초식동물로 이동하면서 에너지원이 된다. 에너지를 얻고 남은 부산물(배설물)과 죽은 생명체는 미생물의 분해작용에 의해 무기물로 전환되어 생태계로 돌아가고, 독립영양체는 다시 이들 무기물로 유기물을 합성하는 생태계의 거대한 순환이 일어난다. 이 순환의 한복판에 곰팡이가 있다. 생태계의 각종 부산물과 죽은 생명체를 무기물로 돌려보내는 과정에서 곰팡이는 유기물을 분해하고 에너지를 얻는다.

미생물 연구자는 '미생물 급식 노동자'

미생물 연구자에게 가장 중요한 일은 미생물의 "깨끗하고 균형 잡힌 식단"을 준비하는 것이다. 배지 혹은 배양액medium이라고 부르는 미생물의 식사에는 이들이 필요로 하는 각종 영양 성분이 들어있다. 보통 실험에 쓰이는 대장균이나 효모 같은 미생물은 그나마 가리는 것 없이 대체로 잘 먹고 잘 자라기 때문에 실험실에서 쉽게 키울 수 있다. 그래서 미생물 연구에 다양하게 이용된다. 탄수화물, 단백질, 핵산, 지방 등 세포의 구성 성분을 만드는 탄소,

수소, 산소, 질소, 황, 인과 조효소, 미량 원소들을 잘 배합해 주면, 이 녀석들이 좋아하는 식사를 만들 수 있다.

반면 어떤 미생물은 아주 까다로운 미식가다. 그래서 미생물들의 기호에 맞는 성분을 잘 배합한 레시피를 만들어야 한다. 예를 들어 병원균인 마이코플라스마mycoplasma라는 미생물은 이런저런 영양소를 다 섞어 주어도 안 자라다가, 동물 세포를 얹어주면 기가 막히게 잘 자란다.

미생물학자는 좋아하는 미생물을 잘 먹이고 잘 키워야 재미있는 연구를 오래오래 할 수 있다. 그래서 늘 미생물을 잘 먹일 궁리를 하지만, 안타깝게도 아직 지구에 존재하는 미생물의 0.1퍼센트 정도만 잘 먹이고 키울 수 있다. 미생물 메뉴 개발 사업은 여전히 블루 오션이다.

곰팡이 포자가 내려앉은 딸기의 운명

딸기를 먹다가 남은 딸기 하나를 식탁 위에 놓아두면 얼마 지나지 않아 곰팡이 차지가 된다. 공기 중에 떠다니던 곰팡이 포자가 딸기 표면에 살포시 내려앉아 발아하고 딸기 조직으로 스며들기 시작한다. 시간이 더 지나면 균사체는 점점 더 크게 자라면서 딸기의 조직을 분해하고 결국 딸기는 형체도 없이 사라진다. 예쁘장한 딸기의 모양이 허물어지고 조직이 물러지면서 바닥에 물기가 고인다. 도대체 곰팡이는 딸기에게 무슨 짓을 한 것일까?

딸기에 곰팡이 포자를 떨어뜨리고 이틀(48시간) 정도 지나자 표면에 곰팡이가 피어났다. 사흘이 지나자 한쪽 면이 허물어졌다. 나흘째가 되자 포자가 딸기 표면의 절반 이상을 뒤덮었고, 뭉개진 부분도 꽤 늘었다. 그에 반해 곰팡이 포자가 앉지 않은 딸기는 나흘이 지나도 제 모습을 유지했다.

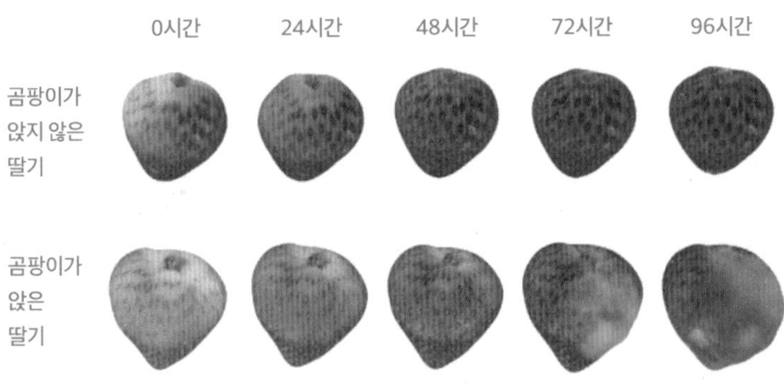

곰팡이가 딸기를 분해하는 과정은 우리가 음식을 먹고 소화하는 과정과 매우 비슷하다. 우리가 먹은 음식은 위와 소장을 지나면서 다양한 효소에 의해 분해된다. 바로 우리가 알고 있는 '소화'다. 우리는 소화 기관을 내장이라고 부르지만 입에서 대장까지 이어지는 관은 엄밀히 말하면 우리 몸 밖의 표피 세포다. 내장 기관의 벽을 만드는 세포를 상피 세포, 소장의 융털돌기를 표피 세포라고 부르는 이유도 이 세포가 외부에 노출되어 있는 피부를 구성하기 때문이다. 이들 상피 세포는 아밀레이스, 펩신, 지방 분해 효소 lipase 같은 효소를 몸 밖으로 분비해서 우리가 먹은 밥의 전분을 포도당으로 분해하고, 단백질을 아미노산으로 쪼개고, 지방 화합물을 지방산으로 잘게 나눈다. 그렇게 분해된 포도당과 지방산, 아미노산은 작은창자의 융털돌기에서 흡수되어 비로소 우리 몸 안의 세포로 수송된다.

곰팡이의 포자가 딸기 표면에서 발아하면, 동물의 소화 과정과 유사하게 균사체 끝에서 여러 종류의 효소가 분비된다. 이 효소들은 딸기의 세포벽을 형성하는 섬유질, 딸기의 표면을 매끈하게 하는 펙틴, 딸기의 세포막을 형성하는 지방, 그리고 딸기의 단백질을 분해한다. 소화된 양분을 흡수하는 작은창자의 융털돌기 역할을 하는 것은 곰팡이의 세포막이다. 곰팡이는 우리가 분비하는 탄수화물, 단백질, 지방 분해 효소뿐 아니라, 한층 더 복잡한 고분자 화합물을 분해하는 다양한 효소를 분비한다.

곰팡이는 식물의 세포벽에 존재하는 다양한 식이 섬유까지 분해할 수 있다. 식물이 죽으면 남는 것은 거의 대부분이 세포벽을 구성하는 성분이다. 셀룰로스, 셀룰로스를 묶어 주는 밧줄 역할을 하는 헤미셀룰로스, 대파 껍질을 벗길 때 나오는 끈적이는 진액 같은 이눌린, 셀룰로스와 헤미셀룰로스 네트워크를 지지하는 펙틴, 단단한 나무껍질을 이루는 리그닌과 같은 것들이다. 숲의 95퍼센트를 차지하는 유기물이 바로 리그닌과 셀룰로스가 결합된 리그노셀룰로스 같은 다당류 복합체다. 이 성분은 분해가 어렵기 때문에 곰팡이를 제외한 대부분의 생물은 이용할 엄두도 내지 못한다. 담자균류*Basidiomycota*와 자낭균류*Ascomycota*에 속하는 곰팡이가 이들 리그닌과 셀룰로스를 분해하는 효소를 분비한다. 그 덕분에 죽은 나무의 단단한 성분이 분해되어 나무의 유기물이 다시 순환의 사이클에 들어가게 된다.

곰팡이가 어떤 효소를 분비하느냐에 따라 나무 조직의 성글어지는 정도도 다르고 색깔 변화도 달라진다. 나무를 분해하여 갈색을 띠게 하는 곰팡이를 갈색부후균brown rot이라고 한다. 갈색부후균은 셀룰로스와 헤미셀룰로스만 분해하기 때문에 분해가 되지 않는 리그닌은 그대로 남아 나무의 색이 갈색으로 바뀌게 된다. 반면 나무를 분해해서 회백색으로 바꾸는 곰팡이도 있다. 이런 곰팡이를 백색부후균white rot이라고 하는데, 백색부후균은 식물에서 가장 단단한 껍질인 리그닌을 분해한다. 리그닌을 분해하면 셀룰로스와 헤미셀룰로스가 되는데, 곰팡이는 다시 이 섬유질을 분해해서 영양소로 사용한다. 그 결과 리그닌 때문에 갈색이던 나무는 회백색으로 변한다. 나무가 썩어갈 때는 이 두 부후균이 동시에 분해하기 때문에 회백색과 갈색의 얼룩이 모두 생긴다. 물론 곰팡이 이외에 다른 미생물도 셀룰로스를 분해하지만, 부후균이 없으면 리그닌을 분해할 다른 방법이 없기 때문에 곰팡이는 숲의 순환에 없어서는 안 될 꼭 필요한 존재다.

이 부후균이 자라면서 자실체fruiting body를 형성하게 되면 우리가 흔히 보는 표고버섯, 느타리버섯, 영지버섯, 꽃송이버섯이 된다. 어떤 곰팡이는 단단한 바위나 오일, 폴리우레탄, 플라스틱, TNT 같은 물질도 분해하는 놀라운 대사 능력을 뽐낸다. 덕분에 곰팡이는 생태계에 존재하는 거의 모든 유기물을 양분으로 사용할 수 있다. 곰팡이는 주변에 있는 여러 가지 물질을 잘게 쪼개 양분을 뽑아낼 수 있고, 위험한 독극물을 분해해서 독성을 낮출 수 있으며, 주위에 곰팡이를 위협하는 다른 생물이 있다면 화학 물질을 분비해서 제거할 수 있다. 곰팡이가 이렇게 생태계의 청소부로 이름을 날리게 된 것은 모두 다양한 효소 덕분이다. 분해를 통해 작은 유기물로 쪼개진 양분은 포도당, 지방산, 아미노산 등의 형태로 균사체에 흡수되고, 곰팡이는 이 유기물에서 에너지를 얻고 성장한다. 딸기에 자리 잡은 곰팡이도 마찬가지로 곰팡이의 세포벽과 유기물을 분해하고 있었던 것이다. 그런데 곰팡이가 분해한 딸기는 어떤 과정을 거쳐서 곰팡이의 에너지와 새로운 조직으로 바뀌는 것일까?

두 갈래의 길

다시 곰팡이가 분해한 딸기로 돌아가 보자. 딸기의 조직은 곰팡이가 분비하는 효소에 의해 포도당, 지방산, 아미노산 같은 저분자 물질로 쪼개진다. 곰팡이는 필요한 양분을 콕 집어서 세포 안으로 이동시키는 능력이 있다. 곰팡이의 세포막에는 선택수용체active transporter 단백질이 포진되어 있는데 이 단백질은 원하는 성분을 필요한 만큼 수용할 수 있다. 세포 안으로 수송된 양분은 곰팡이의 대사 과정을 거쳐 에너지로 전환된다. 곰팡이가 에너지를 만들기 위해 가장 많이 사용하는 대사 과정은 발효fermenatation와 호흡cellular respiration이다. 두 과정은 모두 탄소 화합물인 포도당을 분해해서 세포 에너지ATP*를 만들어 내지만, 발효는 산소가 없는 환경에서, 호흡은 산소가 있는 환경에서 작동하는 과정이다. 발효가 끝나면 유기물이 부산물로 남고, 호흡 과정에는 유기물이 모두 무기물로 전환되는 것도 다른 점이다. 또한 발효는 세포질에서, 호흡은 미토콘드리아에서 일어난다는 것도 차이점이다. 발효와 호흡, 어느 길을 택하든지 에너지를 얻는 과정의 핵심은 전자가 이동하는 산화-환원 작용이다. 포도당에 있던 전자를 빼앗아 다른 물질로 이동시키는 과정이 발효와 호흡 과정 모두에서 일어난다. 그 과정을 매개하는 효소와 그 결과로 만들어지는 산물, 그리고 에너지의 양에 차이가 있을 뿐이다.

세포가 포도당을 산화해서 에너지를 얻는 첫 단계는 당을 해체하는 해당 과정glycolysis이다. 해당 과정은 포도당에서 에너지를 얻는 거의 모든 생물체의 세포질에서 일어난다. 생물 진화의 관점에서 보면 해당 과정은 종속영양생물이 생겨나며 시작된 가장 오래된 화학 반응 중 하나다. 해당 과정에서는 포도당($C_6H_{12}O_6$)glucose이 분해되면서 피루브산($C_3H_4O_3$)pyruvate 2개가 만들어진다. 그러면서 포도당에 있던 전자 2개가 전자수용체인 NADNicotinamide adenine dinucleotide로 이동한다. 즉, 탄소 6개, 수소 12개, 산소 6개로 이루어진 포도당 한 분자가 분해되어 탄소 3개, 수소 4개, 산소 3개를 가진 피루브산 두 분자가 만들어진다. 그런데 수소 4개가 남는다. 이 수소는 어디로 갔을까?

전자수용체인 NAD가 전자를 받으면 전하 균형이 깨져 음전기를 띠게 된다. 그래서 NAD는 전자를 가져올 때 포도당에서 떨어진 2개의 수소 이온H^+을 함께 가져와 NADH가 되면서 전기적으로 중성을 유지한다. 나머지 수소 2개는 해당 과정의 마지막에 일어나는 탈수 반응을 거치며 물H_2O이 된다. 바로 이 과정에서 2분자의 ATP가 합성된다.

이제 해당 과정에서 만들어진 피루브산 앞에는 두 갈래 길이 있다. 산소를 이용하지 않고 발효를 통해 에너지를 얻거나, 미토콘드리아로 옮겨가 전자 전달 과정을 거쳐 산소를 이용한 호흡에 의해 에너지를 얻는 길이다. 해당 과정에서는 2분자의 ATP밖에 만들 수 없으므로, 충분한 에너지를 얻기 위해서는 이 반응이 계속 일어나야 한다. 그렇게 하려면 포도당을 분해할 때 탈락한 전자를 이동시킬 산화된 상태의 NAD^+가 필요하다. NAD는 복잡한 화합물이기 때문에 세포가 NAD를 여러 개 합성하는 것보다는 NAD를 재활용하는 쪽이 훨씬 효율적이다. 그래서 해당 과정의 결과 만들어진 NADH에서 수소 이온 하나를 떼어내는 산화 과정이 필요하다. 바로 이렇게 환원된 NADH를 산화 상태로 돌려놓는 과정이 발효다. 발효 과정에서는 피루브산을 알코올이나 젖산과 같은 다른 유기물질로 바꾸는 반응이 일어나는데, 이때 NADH에서 전자와 수소를 받아 사용하면서 산화 상태의 NAD^+가 생성된다. 그리고 곰팡이는 NAD^+를 이용해 해당 과정을 계속 수행한다. 티끌 모아 태산

* ATP(Adenosine triphosphate), 즉 아데노신 삼인산은 모든 생명체에서 공통으로 사용하는 세포 에너지다. ATP는 가수분해를 통해 ADP와 인산으로 바뀌고, 이 때 에너지를 내놓는다. 모든 생명 현상이 이용하는 에너지가 바로 이것이다. ATP는 에너지원일 뿐 아니라 DNA의 이중 나선을 합성하는 재료로도 사용된다.

이라는 말처럼, 한 번의 해당 과정에서는 2분자의 ATP 밖에 합성되지 않지만, 곰팡이는 해당과 발효 과정을 빠르게 반복해서 충분한 에너지를 얻을 수 있다.

세상에서 가장 작은 발전소

해당 과정에서 생성된 피루브산이 산소를 이용하는 호흡을 통해 에너지로 전환되는 방식은 좀 더 복잡하다. 먼저 피루브산이 미토콘드리아로 수송되어 TCA 회로*라고 하는 연쇄 화학 반응에 들어간다. TCA 회로의 주된 기능은 피루브산에서 전자를 분리해 전자전달계electron transport chain로 배달하는 일이다. 이때에도 산화 상태의 전자수용체인 NAD와 FAD Flavin adenine dinucleotide가 전자 배달부로 작용한다. 전자와 수소 이온을 받아 환원된 NADH와 $FADH_2$가 전자를 미토콘드리아의 막에 있는 전자전달계로 전달한다.

전자전달계에는 환원력이 조금씩 다른 전자운반체 단백질이 모여 있다. NADH로부터 전자를 받는 첫 번째 단백질은 NADH 탈수소효소인데, 이 단백질이 전자를 받게 되면 여분의 전자가 생겨 음전하를 띠게 된다. 그러면 NADH 탈수소효소는 이 음전하를 중화시키려고 양전하를 띤 수소 이온 2개를 받는다. 그러면서 NADH 탈수소효소가 바로 옆에 있는 환원력이 조금 더 센 유비퀴논ubiquinone에게 전자를 넘겨주고, NADH 탈수소효소는 이제 필요

없어진 수소 이온을 미토콘드리아 막 바깥으로 내보낸다. NADH 탈수소효소와 마찬가지로 유비퀴논은 환원력이 더 센 이웃의 시토크롬 복합체cytochrome complex에게 전자를 넘겨주고 필요 없어진 수소 이온을 미토콘드리아 밖으로 보낸다. 그리고 전자는 다시 시토크롬 C 산화효소에서 산소로 전달되고, 산소는 전자를 받아 불안정한 상태가 되는데, 이를 회복하기 위해 수소 이온과 결합해 물이 된다.

전자가 마치 돌다리를 건너듯 전자전달계의 단백질 사이를 통통 튀는 동안, 전자를 받은 단백질은 전기적 균형을 맞추려고 미토콘드리아 안에 있는 수소 이온을 흡수했다가, 전자가 다른 단백질로 넘어가면 바로 미토콘드리아 막 바깥으로 내보낸다. 이 과정이 연속해서 일어나면 미토콘드리아 막 바깥에는 수소 이온이 많이 쌓이게 된다. 마치 댐에 잔뜩 물이 고여 있는 것과 마찬가지다. 이런 상태에서 댐이 수문을 열면 물이 위에서 아래로 떨어져 그 낙차로 터빈이 돌아가 전기가 생산된다. 이제 막의 바깥 부분을 댐의 위쪽이라고 생각하고 수소 이온을 댐에 갇혀 있는 물이라고 상상해 보자. 막에도 수문과 터빈의 역할을 하는 단백질이 있다. 바로 ATP 합성효소다. 막의 바깥과 안쪽 사이에 수소 이온의 농도차가

---

* Tricarboxylic acid 회로로 시트르산(구연산) 회로 혹은 크렙스 회로라고도 한다. 생물학을 전공하는 학생들이 가장 골치 아파하는 양대 산맥을 꼽으라면, 호흡 과정에서 배우는 TCA 회로와 광합성 반응에서 배우는 캘빈 회로일 것이다. 두 회로 모두 쳇바퀴처럼 연쇄 화학 반응이 일어나고 그 과정에서 생성되는 화합물이 복잡해서 사실 가만히 쳐다보고 있기만 해도 머리가 아프기는 하다.

커지면, 이 단백질을 통해 수소 이온이 미토콘드리아 안쪽으로 흘러 들어오고, 그 힘으로 ATP 합성효소는 ADP에 인산기 하나를 붙여 ATP를 만든다. 우리가 아는 지구상 거의 모든 생명체의 에너지 저장 물질인 ATP다. 미토콘드리아는 이렇게 모든 생물에 에너지를 공급하는 세상에 존재하는 가장 작은 발전소인 것이다.

효율과 속도의 딜레마

에너지를 얻는 두 과정인 발효와 호흡은 모두 포도당을 산화하면서 시작되지만, 이 두 갈래 길의 결과는 하늘과 땅 차이만큼 크다. 포도당에서 출발한 전자가 해당 과정을 거쳐 발효 과정으로 넘어가면 겨우 2분자의 ATP가 합성된다. 하지만 포도당에서 전자가 해당 과정을 거쳐 TCA 회로와 전자전달계를 지나 산소와 합쳐지는 호흡 과정을 끝내게 되면 38분자의 ATP가 생성된다. 생물 시간에 열심히 암기했던 친숙한 숫자다. 단순히 숫자만 놓고 보면, 발효는 기껏해야 화력 발전소 한 기 수준이지만 호흡은 원자력 발전소 두 기쯤 되지 않을까? 당연히 세포는 효율이 좋은 호흡 과정을 선택해야 할 것 같다.

그런데 자연 상태에서 어떤 세포는 종종 산소가 충분한 조건에서도 발효를 선호한다. 이런 현상은 임세포를 연구하던 오토 바르부르크Otto Warburg와 그의 연구팀이 최초로 발견했다. 암세포에서 해당 과정이 비정상적으로 활성화되어, 그 산물인 피루브산이 호흡 과정을 거치지 않고 젖산으로 발효되는 것이었다. 후속 연구를 진행하던 허버트 크랩트리Herbert Crabtree는 포도당이 풍부한 조건에서 암세포가 TCA 회로를 억제하고 발효를 계속 유지하게 만드는 현상을 발견했다. 이 현상을 크랩트리 효과라고 한다. 아이러니한 것은 효율이 낮은 발효를 선호하는 암세포가 정상 세포보다 훨씬 빨리 성장한다는 점이다. 바르부르크 효과 혹은 와버그 효과Warburg effect라고 알려진 매우 중요한 발견이다.

빠르게 자라는 세포를 유지할 수 있을 정도로 충분한 에너지를 얻으려면 그야말로 미친 듯이 해당 과정을 돌려야 하고, 당연히 엄청난 양의 포도당이 필요하게 된다. 그래서 암세포는 포도당을 무지막지하게 빨아들인다. 그 원리를 이용한 것이 암 검사에 사용하는 양전자방출단층촬영Positron Emission Tomography, PET이다. 방사성 동위원소로 표지된 포도당을 몸에 주입하고 그 포도당이 특정 부위에서 많이 검출되면 그 부분이 바로 포도당을 빨아들이는 암세포가 있는 곳이다. 바르부르크는 1966년 노벨상 시상식 강연에서 이 현상을 이렇게 설명했다. "암을 유발하는 가장 중요한 원인은 정상 세포에서 일어나는 산소 호흡이 발효로 바뀌는 것입니다. 정상 세포는 모두 호기성이지만 암세포는 혐기성 세포가 되는 것입니다." 그런데 왜 암세포는 효율이 높은 호흡 대신 발효를 선택한 것일까? 암세포가 포도당을 많이 흡수해서 발효만으로도 충분한 에너지를 얻기 때문에 호흡을 억제하게 된 걸까? 아니면 암세포에선 어떤 이유로 TCA 회로와 산소 호흡 과정이 억제되어 발효를 할 수밖에 없게 된 걸까?

발효왕 효모

이런 현상이 암세포에서만 관찰되는 것은 아니다. 호흡과 발효를 모두 할 수 있는 조건에서 발효를 선택하는 현상은 곰팡이를 비롯한 다른 미생물에서도 많이 찾아볼 수 있다. 특히 효모는 다른 곰팡이보다 훨씬 강력한 발효 시스템을 보유하고 있다. 효모는 산소가 있는 조건에서도 발효를 선호해서 발효를 통해 에너지를 얻는다. 원자력 발전소를 이용하면 훨씬 많은 에너지를 얻을 수 있는데도 굳이 화력 발전소를 이용하는 셈이다. 그럼 효모는 왜 에너지 효율이 낮은 발효를 택하는 것일까?

원자력 발전소를 짓는 데는 화력 발전소보다 비용이 많이 든다. 그래서 화력 발전소를 이용해서 적은 양이지만 필요한 만큼의 에너지를 값싸게 얻을 수 있다면, 굳이 비용이 많이 드는 원자력 발전소를 돌리지 않아도 된다. 세포도 이와 비슷한 결정을 내리지 않았을까? 호흡은 발효보다 탄소 분자당 에너지 효율은 훨씬 높지만, 굉장히 많은 화학 반응이 필요하다. 세포에서 일어나는 모든 화학 반응에는 효소가 필요하다. 포도당이 피루브산으로 전환되는 해당 과정에는 열 개의 효소가 필요하고, 피루브산이 발효를 통해서 알코올이나 다른 유기물로 전환되는 과정에도 몇 개의 효소가 더 필요하다. 호흡을 할 경우에는 TCA 회로에 필요한 여러 효소와 전자전달계를 구성하는 거대한 단백질 복합체, 그리고 ATP 합성 효소를 비롯한 몇 배나 많은 단백질이 필요하다. 이 많은 효소와 단백질을 합성하려면 유전자에서 단백질을 합성하는 복잡한 공정*을 거쳐야 하는데, 그 과정에 필요한 에너지와 그 결과로 생성되는 에너지의 양을 비교해 보면, 호흡에 필요한 효소를 합성하는 과정에 훨씬 많은 에너지(비용)가 들어간다. 심지어는 호흡에 필요한 효소를 합성하는 과정 때문에 성장이 지연될 수도 있다. 세포가 빨리 자라는 조건은 당연히 영양분이 많은 환경이다. 세포 입장에서는 성장에 필요한 에너지를 지연 없이 조달하려면, 영양분을 비효율적으로 사용하더라도 발효를 하는 편이 훨씬 좋다. 그래서 주위에 영양분이 충분하다면 세포는 굳이 호흡 과정을 돌리지 않고 발효를 통해 에너지를 얻는다. 하지만 영양분이 제한되어 있을 때는 호흡이 발효보다 가성비가 훨씬 좋기 때문에 세포는 호흡을 통해 에너지를 얻는다.

자연 상태의 효모는 당분이 많은 과일 표면에 정착했다. 특히 효모는 포도의 표면을 하얗게 덮고 살아간다. 풍부한 양의 포도당을 조달할 수 있는 좋은 환경이다. 포도당이 주위에 많기 때문에 굳이 효율을 고민하지 않고 빠른 시간에 세포에 필요한 에너지를 합성할 수 있는 발효를 택했다. 이런 사실은 유전적으로도 증명되었다. 효모를 포도당이 풍부한 배지에 접종하면, 효모는 호흡에 필요한 유전자 발현을 억제하고 발효를 계속한다. 그렇다고 효모가 호흡을 전혀 사용하지 않는 것은 아니다. 포도당이 제한된 조건이거나 발효에 부적합한 탄소 화합물만 존재한다면, 어쩔 수 없이 호

* 효소 하나를 합성하기 위해서는 DNA에서 mRNA를 전사하고 mRNA에서 단백질을 합성하는 등 여러 과정에 수많은 효소가 필요하다.

흡에 필요한 유전자를 발현시켜 호흡 과정을 작동시킨다. 형편이 나아질 때까지 주어진 재료를 최대한 활용해 효율을 높이는 것이다. 물론 모든 곰팡이가 다 그렇지는 않다. 같은 곰팡이라고 하더라도 당분이 부족한 환경에 적응한 종은 발효보다는 호흡을 선호한다. 당분이 부족한 환경에서 적은 양의 탄소원으로 최대의 에너지를 뽑아내려고 노력하다 보니 호흡 과정을 주로 하도록 진화한 것이다.

한국이나 일본에서 주로 먹는 막걸리나 사케는 포도당이 부족한 조건을 새로운 곰팡이로 해결한 놀라운 술이다. 효모가 발효를 하자면 포도당이 필요한데, 주재료인 쌀에는 다당류인 전분이 대부분이라, 효모가 알코올 발효를 하는 데 필요한 포도당은 제한돼 있다. 이 상태에서는 곡물이 아무리 많아도 술이 만들어지지 않는다. 이때 우리 조상의 삶의 지혜가 빛을 발했다. 막걸리를 빚을 때 누룩곰팡이*Aspergillus luchuensis*를 함께 넣어준 것이다. 누룩곰팡이에는 전분 분해 효소인 아밀레이스가 들어 있다. 아밀레이스는 쌀의 전분을 분해할 수 있고, 그에 따른 부산물을 내놓는데, 그것이 바로 포도당이다. 곡물에 누룩곰팡이를 넣으면 전분이 분해되어 포도당이 생기고, 이 포도당을 효모가 분해하면 알코올이 만들어진다. 바로 막걸리다. 이름만으로도 짐작하듯이, 포도주에는 이런 곰팡이가 필요 없다. 원재료인 포도에 포도당이 매우 많기 때문이다.

어쨌든 당분이 풍부한 환경에 적응한 효모의 흥청망청한 소비생활 덕분에 우리는 엄청난 이득을 보고 있다. 오래전 어느 날 깜

빡 잊고 놓아둔 포도송이가 있었다면, 어느 순간 껍질에 살던 효모가 발효를 시작하면서 포도주가 되었을 것이고, 만약 그릇의 뚜껑이 느슨했더라면 식초가 만들어졌을 것이다. 밀가루 반죽에 우연히 들어간 효모는 여기에 이산화탄소를 넣어 반죽을 빵빵하게 부풀렸다. 덕분에 깔깔하고 딱딱한 떡 반죽 대신 부드럽고 포슬포슬한 빵을 먹을 수 있게 되었다. 비단 효모뿐 아니라 다른 미생물의 발효 과정은 또 어떤가? 삶은 콩은 발효가 되면 고약한 냄새가 나기는 해도 맛깔스러운 양념이 되고, 힘들여 잡은 물고기는 깨끗하게 씻어 소금과 함께 저장해 두면 썩혀 버리지 않고 맛있는 젓갈로 먹을 수 있다. 물론 우리만 발효의 덕을 보는 것은 아니다. 곰팡이의 알코올 발효나 초산균의 아세트산(초산) 발효로 만들어진 에탄올과 아세트산은 주위의 미생물 경쟁자를 물리치는 퇴치제가 되기도 한다.

생명 현상을 이해하고 해석하려면 어떤 방식이 효율적인지 보다 어떤 방식이 환경에 적응하는 데 적합한가를 생각해 보는 것이 훨씬 더 중요하다는 것을 새삼 느끼게 된다.

스트라디바리우스의 비밀

역사상 최고의 바이올린 제작자로 알려진 안토니오 스트라디바리(1644~1737)가 만든 바이올린은 바이올린 한 대 가격이 수십억 원을 호가한다. 스트라디바리는 바이올린에 쓸 나무를 굉장히 까다롭게 골랐다고 한다. 마침 1645년에서 1715년 사이에 이탈리아에는 극심한 한파가 닥쳤고 이 시기에 힘들게 자란 나무는 밀도가 낮으면서도 탄성이 무척 좋았다. 그런 나무를 깎아 만든 스트라디바리우스는 세계에서 가장 아름다운 소리를 내는 바이올린으로 유명하다.

스위스 재료과학연구소의 프란시스 슈바르츠가 마이코우드로 만든
바이올린의 소리를 확인하고 있다. 뒤쪽에 곰팡이로 처리한 각종 목재가 보인다.

그런데 스트라디바리우스의 나무 재질을 연구하던 한 과학자가 엉뚱한 상상을 해 보았다. 만약 어떤 특별한 방법을 써서 보통의 나무를 스트라디바리우스의 나무와 같은 밀도로 만들 수만 있다면, 그 나무로 만든 바이올린은 스트라디바리우스와 비슷한 소리를 내지 않을까? 스위스 재료과학연구소의 프란시스 슈바르츠Francis Schwarze는 곰팡이가 나무의 세포벽을 부식시킨다는 사실에 주목했다. 그들은 나무의 밀도를 스트라디바리우스 나무와 비슷하게 만드는 연구에 착수했다. 노르웨이산 가문비나무와 단풍나무에 피지스포리누스*Physisporinus vitreus*와 실라리아*Xylaria longipes*라는 부후균을 접종하고 9개월간 배양했더니, 나무의 세포벽이 조금씩 분해되면서 밀도가 낮아진 '마이코우드mycowood'가 만들어졌다. 스트라디바리우스의 울림통과 거의 같은 밀도의 나무로 변했고, 이 나무로 만든 바이올린은 전문가조차 스트라디바리우스로 연주한 소리와 구분하지 못할 정도로 아름다운 음색을 만들어 냈다.

마이코우드로 만든 바이올린이 전통의 장인이 만든 스트라디바리우스를 대체할 수 있을까? 이 말은 다시 '과학의 힘으로 창조된 악기가 장인의 손길이 스민 악기의 울림을 줄 수 있을까'라고 물을 수도 있겠다. 그런데 이렇게 생각해 보면 어떨까? 마이코우드를 만드는 기술이 상용화된다면 이제는 부후균의 왕성한 대사 작용에 힘입어 가난한 젊은 음악도도 수억 원의 바이올린에 못지않은 훌륭한 악기를 값싸게 구해 아름다운 연주를 들려줄 수 있지 않을까?

Mycosphere 07

슬기로운
소비 생활

곰팡이는 죽어서 효소를 남긴다

얼마 전에 건강 검진을 했는데, 혈액에 비타민 D가 부족하다는 진단을 받았다. 주치의는 비타민 D 보조제를 섭취하거나 햇볕을 자주 쬐는 게 좋겠다는 처방을 내놓았다. 처방대로 비타민 D를 사기는 했는데, 문제는 비타민 보조제를 먹기만 하면 소화불량이 아주 심했다. 그렇다고 캘리포니아의 강렬한 자외선에 얼굴을 내밀고 다니면 주근깨와 기미가 얼굴을 뒤덮을 생각을 하니 그것도 썩 내키지 않았다. 그러던 중에 폴 스타메츠Paul Stamets가 쓴 '비타민 D가 필요하다면 버섯을 태양에 내놓자'라는 글을 보게 되었다.

폴 스타메츠는 버섯 재배의 선구자로 비록 아마추어 과학자라는 꼬리표를 달고는 있지만, 유용한 버섯 연구를 많이 하고 논문을 발표하는 어엿한 진균학자다. 햇볕 아래에서 버섯을 '키우자'가 아니라 '내놓자'라니 …. 이미 수확이 끝난 버섯에서 생화학 반응이 일어난다는 것이 좀 의아하긴 했지만, 도대체 어떤 실험을 한 것인지 호기심이 생겼다. 폴 스타메츠는 농장에서 수확한 표고버섯을 각각 실내와 실외에 놓아두고, 버섯의 비타민 D의 함량이 어떻게 달라지는지 측정해 보았다. 버섯을 햇볕에 건조시킬 때에는 버섯의 우산 부분을 위 아래로 뒤집어 놓고 건조하면서, 우산의 방향에 따라 비타민 D의 양이 달라지는지도 관찰했다.

결과는 놀랍게도 햇볕에 뒤집어 건조한 표고버섯에서 비타민 D가 가장 많이 검출되었다. 처음 측정했을 때는 그램당 1IU였던 비타민 D가 하루에 6시간씩 이틀간 말렸더니 그램당 460IU로 급등했다.* 심지어 버섯을 채 썰어서 말려도 비타민 D 합성이 일어난다고 하니, 버섯이 균사에서 분리되어 죽어가는 와중에도 새로운 물질을 합성한다는 것이 놀랍기만 하다. 표고버섯뿐만 아니라 양송이버섯, 느타리버섯을 비롯한 다른 버섯도 햇볕에서 비타민 D를 합성할 수 있다는 것이 알려지면서 농가에서는 양송이버섯을 수확한 뒤 햇볕에 노출 시킨 후에 시장에 내놓곤 한다. 혹시 냉장고에 시장에서 갓 구입한 생버섯이 있다면, 햇볕이 잘 드는 창가에 하루 이틀 내다 놓았다가 요리해 보자. 비타민 D 보충제 대신에 버섯을 많이 소비하면 속도 편하고, 채식으로 지구 온난화를 늦추는 데에도 기여할 수 있으니 일석이조가 바로 이런 것이 아닐까?

* IU(International Unit)는 비타민, 호르몬, 백신, 약물과 같이 생물학적 활성이나 효과가 있는 물질의 질량이나 부피를 나타내는 상대적인 값이다. 비타민 D는 1IU가 0.025μg이다. 참고로 비타민 A인 레티놀은 1IU가 0.3μg으로, 1IU의 값은 물질마다 다르다.

살아 있는 효소 공장

이처럼 죽어가는 중에도 생화학 반응을 하는 곰팡이는 살아 있는 화학공장이라는 말이 무색하지 않을 정도로 다양한 대사 과정을 뽐낸다. 곰팡이는 다른 생물에 비해 약점이 많다. 광합성을 해서 먹을거리를 스스로 챙기지도 못하고, 운동성이 없으니 위험을 피해 도망칠 수도 없다. 경쟁 관계에 있는 다른 미생물에 비하면 빨리 자라지도 못한다. 다양한 미생물 사이에 혼자 뚝 떨어진다면 도태되기 딱 좋다. 그럼에도 이들은 살아남았을 뿐 아니라 지구의 모든 극한 환경에 퍼져 나가 삶을 이어가고 있다. 이런 일이 가능했던 이유는 곰팡이가 수많은 약점을 극복하고 살아남는 동안 환경에 적응하며 얻은 다양한 대사 능력 덕분이다.

세포에서 일어나는 모든 대사 과정은 여러 단계의 화학 반응을 거친다. 마치 일층에서 이층으로 갈 때 점프해서 바로 올라가지 못하고 여러 계단을 밟고 올라가야 하는 것과 마찬가지다. 일층에서 이층까지 놓인 각 계단을 한 단계의 화학 반응이라고 비유하면, 일층 바닥에서 첫 번째 계단을 오르는 데 효소 하나가 필요하고, 그 반응의 결과로 대사물질 하나가 합성된다. 그 대사물질이 다른 효소에 의해 또 다른 물질로 전환되고, 이런 과정이 여러 단계 이어지면 최종 산물이 합성된다. 즉, 일층에서 여러 계단을 거쳐야 이층에 도달할 수 있는 것이다. 만약 일층에서 이층까지 가는 데 계단이 열 개가 있다면, 그 화학 반응에는 열 개의 효소가 필요하고, 열 가지의 대사물질이 생성된다. 이와 같은 화학 반응이 수백 개가 존재한다면, 엄청나게 많은 효소가 필요하고, 또 세포 내에는 그만큼 다양한 중간물질이 생성된다. 이런 대사물질이 얼마나 다양한 생물학적·화학적 특성을 가질 지는 짐작조차 할 수 없다.

효소는 모두 유전 정보를 바탕으로 합성되는 단백질이다. 생물학 교과서에 나오는 비들George Beadle과 테이텀Edward Tatum의 '1 유전자-1 효소설'처럼, 곰팡이가 어떤 효소를 분비하려면 염색체에 그 효소를 만드는 유전자가 존재해야 한다. 곰팡이는 분비하는 효소의 수만큼 많은 유전자를 가지고 있다. 우리가 이들 효소를 만드는 유전자를 밝히고 분리해 낼 수 있다면, 실험실과 공장에서 각각의 효소를 합성해서 엄청나게 다양한 대사산물을 만들 수 있게 될 것이다.

노멀과 뉴노멀

곰팡이의 다양한 대사 과정에서 합성되는 물질 중에서 곰팡이의 기본적인 생장에 꼭 필요한 것들이 있다. 이런 물질을 일차대사물질primary metabolite이라고 한다. 예를 들어 단백질, 탄수화물, 핵산, 지방 같은 물질은 곰팡이가 자라는 데 꼭 필요하기 때문에 세포에서 대량으로 만들어진다. 곰팡이의 세포막을 만드는 지방, 세포벽을 구성하는 글루칸*과 키틴, 세포에 존재하는 모든 단백질과 DNA와 RNA 같은 핵산은 모두 일차대사산물이다. 이런 일차대사산물은 포도당이 피루브산이 되는 해당 과정, 그리고 TCA 회로를 거쳐서 합성되는 중간대사산물이 몇 번의 화학 반응을 더 거치며 생성되는 여러 전구체로부터 만들어진다. 그렇기 때문에 세포의 탄수화물 대사 과정은 에너지를 얻을 뿐 아니라, 세포를 구성하는 모든 벽돌을 만들어 내기 위해 꼭 필요한 과정이다. 또한 TCA 회로를 돌면서 생성되는 많은 중간물질은 세포 안에서 일어나는 여러 화학 반응의 재료로도 사용된다.

세포를 집에 비유하면, 집을 지을 때 벽돌이나 시멘트, 철근, 타일, 파이프와 같은 자재가 필요하듯, DNA를 만드는데 필요한 당과 염기, 지방을 합성하는데 필요한 글리세롤과 지방산, 단백질의 원료가 되는 아미노산 등이 모두 TCA 회로에서 생성되는 물질에서 만들어진다. 그렇기 때문에 TCA 회로는 호흡의 중간 단계 반응일 뿐 아니라, 세포를 짓는 데 필요한 자재를 납품하는 가장 중요한 자재 공장의 역할까지 맡고 있다. 만약 TCA회로가 호흡에만 관여한다면 산소 호흡을 하지 않는 미생물에는 이 회로가 존재하지 않아야 할 것이다. 하지만 산소 호흡을 하지 않는 미생물에도 역시 TCA 회로가 존재하고, 그런 생물에서는 TCA 회로의 주된 기능이 화학 반응의 재료를 합성하는 것이다. 그래서 많은 과학자들은 생명의 발생 초기에 TCA 회로의 원래 용도가 에너지 발전소가 아니라 자재 공장이었을 것으로 추정한다.

---

* 글루칸은 포도당이 베타형 글리코시드 결합으로 연결되어 만들어진다. 곰팡이는 베타 1-3 결합과 베타 1-6 결합으로 이루어진 글루칸 세포벽을 형성한다. 그에 반해, 식물의 세포벽을 형성하는 셀룰로스는 포도당이 베타 1-4 결합으로 연결된 것이다.

만약 곰팡이가 환경의 변화로 생장이 늦어지거나 스트레스를 받게 되면 보통 때 합성하던 일차대사물질 대신 이차대사물질 secondary metabolite이라는 다른 화합물을 합성한다. 이차대사물질은 곰팡이가 특별한 환경에서 살아남는 데 꼭 필요한 물질로, 자신을 적으로부터 보호하거나 주변의 경쟁자를 물리치는 역할을 하기 때문에 그 물질을 합성하지 못하면 생태계의 경쟁에서 밀릴 수도 있다. 모든 생물의 삶이 그렇듯, 쉽게 영양소를 얻고 살아 갈 수 있는 환경이라면 곰팡이는 굳이 값비싼 효소를 만들어 복잡하고 골치 아픈 화학 물질을 만들어 낼 이유가 없다. 곰팡이의 보통 삶, 즉 노멀normal이 제약 받을 때, 뉴노멀new·normal로 살기 위한 곰팡이의 노력이 이차대사 과정이다. 물론 다른 생물들도 이차대사물질을 만든다. 예를 들어, 마약성 진통제로 사용되는 모르핀이나 말라리아 예방에 효과가 있는 퀴닌은 모두 식물이 만든 이차대사물질이다. 이차대사물질은 대부분 세포가 잘 자라는 조건에서 사용하던 효소와 지방, 탄수화물, 유기산과 같은 일차대사물질로부터 만들어진다. 곰팡이도 일차대사물질을 전환시켜 이차대사물질을 만들지만, 대개는 특정한 곰팡이만 고유의 이차대사물질을 만든다. 그렇기 때문에 곰팡이가 성장하기 위해 만드는 것이 일차대사물질, 특정 곰팡이가 자신의 독특한 생활에 필요해서 생산하는 것이 이차대사물질이라고 구분하는 것이 생물학적으로 더 적절할 것이다.

곰팡이 메리와 멜론

인류는 역사가 시작되기 전부터 곰팡이가 만든 이차대사물질의 혜택을 누렸다. 놀랍게도 5만 년 전 스페인 북부의 엘시드론El Sidrón 동굴에서는 네안데르탈인이 버섯을 먹고 페니실린을 만들어 내는 푸른곰팡이도 지니고 있었다는 사실이 밝혀졌다. 호주 애들레이드 대학 고대 DNA 센터의 앨런 쿠퍼Alan Cooper와 로라 웨이리치Laura Weyrich 연구팀이 네안데르탈인의 치석을 연구하던 중 아스피린 성분과 함께 페니실린 곰팡이의 DNA를 발견한 것이다. 또한 알프스에서 발견된 고대 아이스맨이 버섯을 주머니에 넣고 다니며 약재로 사용했을 것이라고 추정되는 연구 결과도 있고, 기원전 1500년경에 기록된 고대 이집트의 파피루스에도 약용 곰팡이를 사용했다는 기록이 있다.

오늘날에도 인류는 여전히 곰팡이에게 큰 도움을 받고 있는데, 그중 가장 극적인 혜택은 아마도 병원균과 끝없는 전쟁을 치르던 인류를 구한 페니실린의 발견이 아닐까 싶다. 심지어 진균학자도 아닌 세균학자의 오염된 배지에서 말이다. 1928년 푸른곰팡이 페니실륨의 항생 효과를 발견한 알렉산더 플레밍의 일화는 무척 유명하다.

세균학자로 포도상구균을 연구하던 플레밍은 여름 휴가가 끝나면 새로운 실험을 시작하려고 떠나기 전에 배지에 포도상구균을 접종해 놓고 휴가를 갔다고 한다. 미생물 배양에 어느 정도 시간이 걸리기 때문에 많은 미생물학자가 배지에 실험 재료를 미리 접종해 놓고는 한다. 그런데 휴가에서 돌아와 보니 포도상구균 배지에 곰팡이가 핀 것이었다. 미생물학 실험실에서는 늘상 있는 일이다 보니, 이럴 때면 보통 실험을 접고 미련 없이 오염된 배지를 모두 폐기한다. 그런데 배지를 버리려던 플레밍은 우연히 신기한 현상을 목격했다. 곰팡이 주변의 포도상구균이 모두 녹아 없어진 것이었다. 배지를 폐기하는 대신 플레밍은 호기심이 이끄는 대로 오염된 곰팡이를 분리해서 배양했고, 연구 끝에 곰팡이 배양액에 세균을 죽이는 성분이 있다는 것을 밝혀냈다. 여기까지가 유명한 플레밍의 일화다.

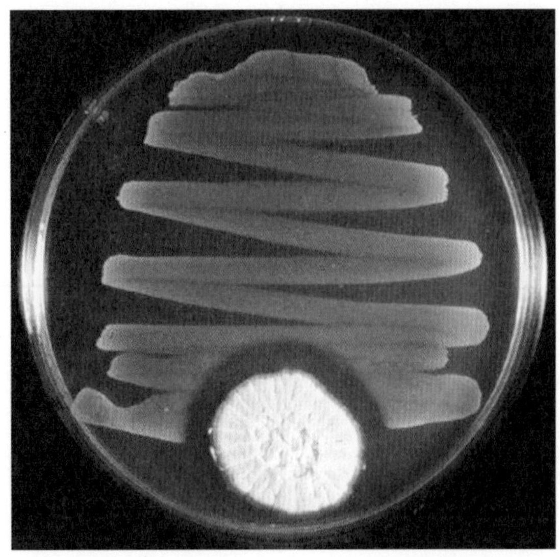

페트리 접시에 접종한 포도상구균이 푸른곰팡이(아래쪽 흰색의 원형 부분) 주변에는 자라지 못하고 있다.

하지만 안타깝게도 플레밍이 찾아낸 푸른곰팡이 종인 페니실륨 노타툼*Penicillium notatum*은 분비하는 페니실린의 양이 너무 적어, 여러 번 시도해도 의료용으로 사용할 만큼 충분한 양의 페니실린을 분리해 낼 수가 없었다. 플레밍은 자신의 연구 결과를 영국의 실험병리학회지에 발표했지만, 그 논문도 동료 과학자의 주목을 받지 못했다. 플레밍은 훌륭한 미생물학자였지만, 설득력이 있거나 수완이 좋은 커뮤니케이터는 아니었던 것 같다.

페니실린이 상용화된 것은 그로부터 십여 년 후인 1939년 옥스퍼드에서 이루어진 하워드 플로리Howard Florey와 언스트 체인Ernst Chain의 연구 덕분이었다. 플로리는 생화학자인 체인을 비롯해 십여 명의 과학자를 팀으로 만들어 페니실린을 정제해 냈고, 동물 실험을 통해 페니실린이 폐렴을 일으키는 연쇄상구균*Streptococcus* 감염에 효과가 있다는 것을 입증했다. 1941년에는 세균에 감염된 환자에게 임상 실험까지 진행했지만, 페니실린의 양이 너무 적어 단 한 명의 환자를 살리기에도 역부족이었다. 플로리와 체인은 영국의 여러 제약회사와 협상을 벌였지만 함께 일할 파트너를 찾지 못했고, 이들은 결국 미국으로 건너 가 미국 농무부의 연구실에서 페니실린 상용화를 위한 연구를 이어갔다.

이 과정에서 이들은 훗날 '곰팡이 메리Moldy Mary'로 기억될 메리 헌트Mary Kay Hunt를 만나게 된다. 메리 헌트가 맡은 일은 플레밍이 발견했던 페니실륨 노타툼보다 페니실린을 많이 분비하는 곰팡이 균주를 찾는 일이었다. 메리 헌트는 새로운 페니실린 균주를 찾으려고 시장 구석구석을 뒤지며 썩은 채소와 과일을 찾아 다

냈고, 시궁창을 뒤지는 일도 마다하지 않았다. 그러던 어느 날 메리 헌트는 시장 한구석에서 푸른곰팡이가 핀 썩은 멜론 하나를 보았다. 우연히 발견한 이 멜론에는 페니실륨 크리소게눔*Penicillium chrysogenum*이라는 새로운 푸른곰팡이 종이 있었다. 크리소게눔은 플레밍이 발견한 노타툼보다 200배나 많은 페니실린을 분비했다. 300종이 넘는 페니실륨 곰팡이 중에 페니실린을 합성하는 종은 겨우 손가락에 꼽을 정도이니, 이 곰팡이의 발견은 기가 막힌 행운이었다. 게다가 플로리와 체인은 크리소게눔에 엑스레이를 쪼여 노타툼보다 1000배나 많은 페니실린을 분비하는 돌연변이 변종을 만들어 냈다.

이 변종 덕분에 제2차 세계 대전의 막바지인 1945년에 참전한 수많은 병사의 생명을 구할 수 있었고, 플레밍과 플로리, 체인은 "페니실린의 발견과 감염 질환을 치료"한 공로로 노벨상을 수상했다. 하지만 안타깝게도 메리 헌트의 이름은 거명조차 되지 않았다. 당시 시대 상황을 고려한다 하더라도 위대한 연구에 함께 참여했던 여성 연구자가 남성의 그림자에 가려진 것이 안타깝기만 하다. 만약 메리 헌트가 곳곳의 시궁창과 시장을 돌아다녀 신종 페니실륨을 찾아내지 못했더라면 과연 페니실린이 약으로 세상에 나올 수 있었을까? 역사는 플레밍과 헌트의 발견을 뜻밖의 행운, 세렌디피티serendipity로 소개한다. 하지만 이 위대한 발견은 우연히 찾아온 행운이 아니라 날카로운 관찰자의 눈으로 사소한 것 하나 놓치지 않았던 플레밍의 관찰력, 새로운 곰팡이를 찾아 아무리 지저분한 곳이라도 직접 방문해 채집하고 정리했던 곰팡이 메리의 헌신, 그리고 중간에 포기 하지 않고 연구를 이어갈 수 있는 기회를 끈질기게 찾은 플로리와 체인의 열정 덕분이었다. 1퍼센트의 행운 위에 99퍼센트의 노력이 더해졌기 때문에 세상을 구한 마법의 약이 상용화될 수 있었다.

곰팡이가 세균과 싸우는 무기

그런데 푸른곰팡이는 페니실린을 왜 만들까? 생태계에서 세균에게 밀릴 수밖에 없는 곰팡이가 세균을 물리치기 위해 세균의 세포벽을 녹여 버리는 물질을 만들지 않았을까? 비슷한 이유로 곰팡이는 세균을 공격하는 다양한 이차대사물질을 만들어 낸다. 그중 몇 가지는 이미 제약 산업과 의학 기술의 판도를 뒤집어 놓기도 했다. 페니실린이 상용화되고 얼마 지나지 않아 페니실린에 치명적인 알러지 반응을 보이는 환자들이 나타났다. 페니실린을 쓸 수 없는 사람이 있었던 것이다. 항생제의 대안이 필요하던 1945년에 세팔로스포륨*Cephalosporium acremonium*이라는 곰팡이에서 추출한 세팔로스포린cephalosporin이 페니실린과 비슷한 항생 효과를 보였다. 다행히도 세팔로스포린은 페니실린 알러지가 있는 환자들에게 알러지 반응을 일으키지 않았다. 세팔로스포린은 현재도 폭넓게 사용되는 항생제로, 페니실린과 더불어 전체 항생제 시장의 60퍼센트 이상을 차지하고 있다.

곰팡이에서 추출한 성분이 현대 의학의 역사를 새롭게 쓰기도 했다. 영화나 드라마에 자주 등장하는 간 이식 수술은 1971년에 톨리포클라디움*Tolypocladium inflatum*이라는 곰팡이에서 추출한 시클로스포린cyclosporine이라는 이차대사물질 덕분에 가능했다. 페니실린이 발견된 후부터 곰팡이는 자연스럽게 항생 물질을 만드는 미생물로 관심을 받기 시작했고, 곰팡이에서 항균 성분을 가진 이차대사물질을 분리하는 연구가 꽃을 피웠다. 시클로스포린은 처음에는 항진균 기능으로 주목을 받았다. 그런데 연구를 거듭해도 시클로스포린의 항진균 기능이 예상보다 너무 제한적이라 실용화되지 못하고 폐기 처분을 해야 하나 하는 상황이었다. 그러다 우연히도 시클로스포린이 면역 기능을 억제한다는 사실이 밝혀지면서 극적으로 세상에 나오게 되었다. 시클로스포린은 현재 장기나 골수 이식 수술을 하기 전에 거부 반응을 줄이는 약물로 광범위하게 사용되고 있다. 만약 시클로스포린을 발견하지 못했다면 장기 이식 수술의 역사는 아직도 제자리걸음을 하고 있을 것이다.

인류의 역사를 바꾼 곰팡이의 이차대사물질 이야기를 하면서 스타틴statin을 빼놓을 수 없다. 스타틴도 시클로스포린처럼 항균 성분을 찾다가 우연히 발견한 물질이다. 스타틴은 세균의 스테롤을 만드는 효소인 HMG-CoA 효소의 기능을 억제한다. 그래서 처음 스타틴을 분리했을 때에는 항생제 후보 물질로 연구를 하고 있었다. 그런데 중간에 탈락하는 많은 신약 후보 물질처럼 스타틴도 심각한 독성이 문제였다. 그런데 그 원인을 연구해 보니, 재미있게도 HMG-CoA는 세균과 동물에 모두 존재하는 효소였고, 우리 몸에서는 콜레스테롤 합성을 저해한다는 것을 알게 되었다. 세균에서 발생한 유전자가 진핵생물까지 전달된 진화의 증거라고나 할까? 그 후 여러 종류의 곰팡이에서 스타틴 변형체가 분리되었고, 그중 독성이 약한 스타틴 변형체가 콜레스테롤 합성억제제로 사용되면서 스타틴은 제약회사의 황금알을 낳는 거위가 되었다. 집집마다 고지혈증 때문에 스타틴을 복용하는 가족 한두 명은 꼭 있지 않은가? 어림짐작해 보더라도 스타틴으로 제약회사가 벌어들이는 돈은 천문학적이다. 물론 고지혈증은 굳이 스타틴을 먹지 않지 않더라도 식단 관리와 적절한 운동, 체중 조절로도 어느 정도 치료가 가능하기 때문에 의사들이 너무 쉽게 처방하는 스타틴이 고지혈증 환자에게 꼭 필요한 약인지, 아니면 제약회사들의 로비의 산물인지 하는 논쟁은 여전히 진행 중이다. 어쨌거나 곰팡이의 이차대사물질이 다른 생물의 생화학 반응을 조절한다는 것은 여전히 놀랍기만 하다.

곰팡이가 만드는 다양한 대사물질의 세계는 아직 발견되지 않은 보물섬과 같다. 1993년에서 2001년 사이에 곰팡이에서 약 1500종류의 이차대사물질이 분리되었고, 그 중 절반 이상이 항균 작용과 암 활성 억제 기능을 나타냈다. 또한 2000년대에 진행된 여러 연구에서도 상품으로 개발될 수 있는 다양한 천연물질이 곰팡이에서 분리되었다. 음식이나 약물로서의 가능성뿐 아니라 천연 염료, 향미제, 방향제와 발광 물질까지 …. 이중에 몇 가지만이라도 상품화할 수 있다면, 곰팡이를 통해 우리가 입게 될 혜택은 엄청나지 않을까?

순환하지 않는 삶은 지속되지 못한다

최근 더욱 많은 관심을 받고 있는 지속가능한 삶을 실현하려는 노력에도 곰팡이는 특별한 관심을 받는 기대주다. 화학 산업에서도 '녹색 화학green chemistry'이 지속가능 화학으로 급부상하고 있다. 녹색 화학은 생물학을 기반으로 한 청정 기술을 이용해 물질을 생산하고 폐기물을 제거하는 데 중점을 두고 있다. 그 중 각광을 받는 분야가 '곰팡이를 이용한 환경 정화myco-remediation' 산업이다. 지금까지 연구한 결과에 의하면 특정 곰팡이가 분비하는 효소는 살충제나 농약 성분뿐 아니라, 원유 찌꺼기나 화학 염료, 플라스틱처럼 분해하기 어려운 성분까지 분해한다고 한다. 특히 나무의 리그닌을 분해하는 백색부후균은 탁월한 분해 능력을 보였다. 분자량이 크고 구조가 복잡한 유기물을 분해할 때 리그닌과 같은 생유기복합체를 분해할 때 작용하는 다양한 효소가 도움이 되는 듯하다. 또한 곰팡이의 뛰어난 흡수력을 이용해 중금속이나 오염물질을 흡착하는 정화 실험도 활발하게 이루어지고 있다.

곰팡이를 이용해서 오염 물질의 발생을 최소화하는 방법을 고민하는 사람도 있다. 우리가 일회용품 사용을 줄이려고 아무리 노력해도 사실 일회용품 없이 살기는 거의 불가능한 것이 현실이다. 그런데 만약 일회용품을 만드는 과정에서 발생하는 오염 폐기물을 최소화하고, 또 분해가 쉬운 물질로 일회용품을 만들 수 있다면, 환경을 파괴하지 않으면서 우리의 편리한 생활도 유지할 수 있지 않을까? 이런 상상을 현실로 만든 젊은 공대생이 있었다. 에코

베이티브 디자인Ecovative Design이라는 친환경 스타트업을 만든 미국의 에벤 베이어Eben Bayer와 개빈 매킨타이어Gavin McIntyre가 바로 그들이다.

그들은 옥수수를 수확하고 남은 옥수숫대와 각종 부산물에 버섯 균사체를 섞고 적당한 틀에 넣고 키워서 단단한 구조물을 만들었다. 이 구조물은 스티로폼처럼 충격을 잘 흡수하면서도, 독성이 없고 일정 시간이 지나면 바로 생분해되어, 포장재로 안성맞춤이었다. 현재 에코베이티브는 이케아와 델에 이 포장재를 납품하고 있다. 요즘은 방음이나 단열용 건축 자재까지 곰팡이 균사를 배양해서 만들고 있다. 이들은 균사체로 만든 친환경 재료로 집을 짓고, 곰팡이에서 추출한 친환경 염료로 페인트칠을 하고, 곰팡이 가죽 소파에 앉아, 곰팡이 균사로 만든 컵과 접시에, 버섯 단백질로 만든 채식 요리와 치즈를 음미하며 포도주 한 잔을 즐기는 상상을 한다. 조만간 경험하게 될지도 모를 기분 좋은 꿈이다. 이 정도라면 곰팡이가 세상을 구한다는 말이 나올 만도 하다.

이런 세상을 앞당기기 위한 전제 조건이 하나 있다. 사실 아직 우리는 곰팡이가 어떤 환경에서, 어떤 원리로, 이렇게 다양한 이차대사물질을 합성하는지 잘 모른다. 곰팡이의 놀라운 대사 능력을 산업에 응용하려면 외면당하고 있는 이 위대한 생명체를 더 잘 이해하기 위한 기초 연구가 선행되어야 한다. 플레밍이 페니실린을 발견할 수 있었던 것도 그가 평생 한 가지 연구에 집중할 수 있는 기반을 마련해 준 영국의 연구 시스템 덕분이었다. 반면 페니실린이 플레밍의 손에서 상용화되지 못하고 플로리와 체인에게 돌아갔던 것 역시 기업과의 협업 구조가 약한 영국의 풍토 때문이었다. 플로리와 체인, 그리고 메리 헌트의 협업과 공동 연구가 페니실린을 대량으로 정제할 수 있는 탄탄한 산업 기반을 만나고 나서야 비로소 페니실린은 엄청난 가치를 지닌 의약품으로, 또 막대한 부를 가져다 줄 상품으로 탄생할 수 있었었다. 모든 학문이 그렇듯 생물학도 유행을 따르고 시류의 흐름을 쫓는다. 하지만 순수한 열정을 가진 학자들이 연구비 걱정 없이 신나게 연구할 수 있는 환경이 조성되어야 우리가 꿈꾸는 건강하고 풍요로운 세상이 올 수 있다. 에벤과 개빈처럼 꿈과 열정 가득한 젊은 연구자가 마음껏 연구하고 힘껏 날아오르길 진심으로 바란다.

우리가 살고 있는 지구는
우리 조상에게 물려받은 것이 아니라
우리 후손에게 잠시 빌린 것이다.

— 북미 대륙 원주민 속담

Mycosphere 08

너의
목소리가
들려

여인의 향기

영화 〈여인의 향기〉는 장님이 된 퇴역 장교를 연기한 알 파치노 덕분에 더욱 빛이 났다. 사고로 시력을 잃은 주인공에게 후각은 세상을 만나는 통로였다. 주인공은 냄새만으로 그 사람의 스타일과 성격을 알아내는 놀라운 능력을 보여 준다. 영화의 마지막에 알 파치노는 비누향만으로 선생님의 외모를 정확하게 맞춘다. '여인의 향기'가 눈 먼 그에게 살아야 할 이유를 만들어 주고, 언뜻 어색했던 영화의 제목이 내용과 절묘하게 맞아 떨어지는 순간이었다. 문득 내 손에서는 어떤 향이 날까 궁금했다.

우리는 시각, 청각, 후각, 미각, 통각의 다섯 가지 감각을 지니고 태어난다. 그중에서도 후각은 우리가 경험한 세상의 기억을 생생하게 떠올리게 하는 강력한 통로다. 스쳐 지나는 사람의 은은한 향수에 설레기도 하고, 맛있는 냄새에 식당 앞에서 지난 추억을 떠올리기도 한다. 음식을 먹을 때에도 우리는 맛을 보기 전에 냄새에 먼저 끌린다. 그래서인지 향이 좋아 비싸게 팔리는 식재료가 많이 있다. 그 중 하나가 트러플truffle이라고 불리는 서양 송로버섯이다.

이탈리아 여행 중에 송로버섯 파스타를 맛 본 적이 있다. 사진으로만 보아 온 송로버섯은 땅 속에 묻혀 있던 흙 묻은 감자 같기도 하고, 화산 지대의 돌멩이 같기도 했는데, 실제 얇게 저민 송로버섯의 속살은 새하얬다. 1~2밀리미터 두께로 자른 송로버섯 몇 조각을 얹은 파스타에서는 코를 찌르는 강렬한 향이 밀려왔다. 신기하게도 우리의 뇌는 그 향기를 오래 기억하는지, 거무스름한 돌멩이처럼 생긴 송로버섯을 떠올릴 때면 버섯이 바로 옆에 있는 것처럼 그 향기가 저절로 떠오른다.

버섯이 보내는 신호

버섯은 포자를 만들어 퍼뜨리는 데 필요한 일종의 구조물이다. 곰팡이가 포자를 형성하면 수많은 포자를 자실체라는 구조물에 부착한다. 자실체의 모양은 곰팡이 종류에 따라 빗자루나 주머니 혹은 부채꼴 등으로 다양하다. 그중에서도 우리 눈에 보일 정도로 유독 큰 자실체가 바로 버섯이다. 우리가 시장에서 양송이버섯이나 표고버섯을 사서 흰 종이에 도장을 찍듯 찍어 보면 갈색의 가루가 묻어 나온다. 그 가루가 바로 곰팡이의 포자다. 버섯 형태의 자실체를 만드는 곰팡이는 일반적으로 버섯을 땅 위로 자라게 해서 포자를 바람에 쉽게 날려 보낼 수 있게 진화했다. 그런데 송로버섯은 땅 속에 묻혀 있어 바람으로 포자를 퍼뜨릴 수 없다. 이런 엄청난 생존의 위기 상황에서 송로버섯이 찾은 묘책은 바로 강력한 향기를 퍼뜨리는 것이었다. 강력한 향기로 동물을 유인하면 향기에 취한 동물이 땅을 뒤지고 헤집어 송로버섯을 찾아 먹는다. 이 동물이 산과 들을 누비고 다니다 여기저기 배설하면 송로버섯은 자연스레 포자를 산 곳곳에 퍼뜨리게 된다. 송로버섯이 생존과 번식을 위해 선택한 진화의 방식이다. 그래서 값비싼 송로버섯을 채취하는 사람들은 돼지나 개를 훈련시켜 송로버섯의 향기를 찾아 나선다.

그러면 이들 동물은 왜 유독 송로버섯의 향기에 끌리는 걸까? 여러 가설이 있기는 하지만, 아직 확실한 이유는 밝혀지지 않았다. 처음에는 송로버섯의 향기를 내는 물질이 돼지의 성호르몬과 구조가 비슷하다는 점에 주목했다. 그래서 암퇘지가 수퇘지에게 끌리는 것 마냥 이들 동물이 송로버섯에 끌린다고 생각했다. 하지만 송로버섯의 향은 한두 가지 화학 물질로 만들어진 게 아니기 때문에 돼지의 성호르몬과 비슷한 그 물질 하나 때문이라고만은 말할 수 없다. 어쨌든 송로버섯은 몇 종 되지 않지만 이상한 냄새를 풍기는 버섯은 수천 종이 넘기 때문에, 우리는 아직 어떤 이유로 곰팡이가 독특한 향을 풍기게 됐는지 정확하게 밝히지 못하고 있다.

우리가 즐겨먹는 여러 다른 버섯도 저마다 독특한 향을 낸다. 일본의 국물 요리에 많이 사용되는 표고버섯의 구수한 향이나 느타리버섯의 은은한 향도 모두 곰팡이가 만들어 낸 다양한 화합물 덕분이다. 우리나라에서도 송이버섯을 채취하는 사람들은 송이가 자라는 지역 인근에 가면 송이의 향을 느낀다고 한다. 이처럼 향기는 후각이 예민한 동물을 자극하고, 그 향기에 취한 동물과 새로운 관계를 만든다. 곰팡이가 동물과 직접 소통할 수 없지만, 곰팡이가 만들어 낸 화합물은 곰팡이가 동물과 소통하는 새로운 언어가 되어 준다. 우리가 어떤 버섯을 음미하고 있다면 우리는 우리 자신도 모르는 새 그들이 풍기는 이야기에 이미 화답을 하고 있는 것이다.

세포의 언어

우리가 말과 글, 기호와 신호를 이용해 의사를 전달하는 것처럼, 우리 주위의 미생물, 식물, 동물 모두 다양한 방법으로 서로 소통한다. 우선 우리 몸을 구성하는 세포는 화학적 신호를 주고받으며 소통한다.

나는 종종 나도 모르게 손이나 팔다리에 생긴 생채기를 발견할 때가 있다. 정신없이 왔다 갔다 하는 사이에 어딘가에 긁히고 찢겼을 것이다. 상처를 발견했을 때는 딱지가 앉아서 이미 나아가는 중이거나 간혹 상처가 큰 경우는 욱신거리는 통증 덕분에 일찍 알아차리기도 한다. 그럴 때 보면 상처 난 자리가 발갛게 부어올라 있다. 염증 반응이다. 기특하게도 면역 세포들이 상처가 난 것을 용케 알아차리고 치료하기 위해 모여든 것이다. 우리는 응급 상황이 닥치면 119로 전화를 걸어 도움을 요청하고, 주변에 누군가 있다면 목청껏 소리를 질러 도움을 구한다. 피부 세포도 우리가 구조 신호를 보내 듯 누군가에게 도움을 요청한 것이다.

상처가 생긴 표피 세포는 사이토카인cytokine이라는 아주 작은 단백질을 분비한다. 사이토카인은 체세포가 면역 세포와 소통하는 그들만의 언어다. 사이토카인이 주위로 퍼져 나가 주변의 세포 표면에 발현된 사이토카인 수용체에 붙게 되면 , 이들 세포는 응급 구조 신호라는 것을 인지하고 대응 전략을 짠다. 예를 들어, 백혈구는 사이토카인 신호를 받으면 상처 난 자리로 몰려 가 미생물을 소탕할 작전을 짜고, 혈관 내피 세포는 백혈구가 혈관에서 조직으로 잘 빠져나갈 수 있게 혈관 벽을 느슨하게 만든다. 상처 주변의 표피 세포는 미생물을 공격하는 화학 물질을 분비해 상처가 생긴 조직을 보호한다. 이렇게 미생물 소탕 작전이 어느 정도 끝나면 혈관 세포는 상처를 아물게 하기 위해 혈액의 흐름을 늦추고 혈관을 조이는 물질을 분비한다. 세포는 소통과 협업을 통해 상처 난 자리를 치료한다.

뇌세포의 소통은 어린 시절 소풍을 가면 늘상 하던 '말 전하기' 게임과 비슷하다. 여러 사람이 한 줄로 나란히 서고 맨 앞 사람에게만 특정 단어를 보여 준다. 그러면 그 사람은 다음 사람에게 말은 하지 않고 몸동작으로만 그 단어를 설명한다. 이렇게 말 전하기를 차례로 하고, 마지막 사람이 처음에 나왔던 단어를 말하면 이기는 게임이다. 게임을 하는 도중에 제대로 소통하지 않고 작은 오해만 생겨도, 처음에 시작한 말은 마지막에 가서는 엉뚱한 단어로 바뀌는 우스운 상황이 곧잘 벌어진다. 단어를 본 처음 사람의 설명이 사람과 사람을 건너 전달되는 과정에서 오해와 불통이 되었기 때문이다.

우리의 뇌를 구성하는 수많은 뇌세포도 줄 지어 신호를 기다리는 사람과 비슷하다. 우리가 오감을 통해 받아들인 신호는 복잡한 네트워크를 따라 수많은 뇌세포에 전달된다. 사람들 사이에 간격이 있듯이 뇌세포 사이에도 시냅스synapse라는 미세한 틈이 있다. 시냅스 앞쪽의 세포가 전달 받은 신호를 시냅스 뒤쪽의 세포에 제대로 전해 주어야만 처음 들어온 신호가 왜곡되지 않고 뇌에까지 전달될 수 있다. 이 과정에서 뇌세포의 언어가 소통의 고리 역할을 한다. 바로 뇌세포의 언어인 신경전달물질neurotransmitter이다. 한쪽의 뇌세포가 신경전달물질을 분비하면 다른 쪽의 뇌세포가 그 물질이 의미하는 신호의 내용을 파악해 다음 세포에 전달하는 것이다. 외부에서 들어오는 신호가 수천 개의 시냅스를 가로질러 뇌의 특정 부위에 오류 없이 정확하게 전달되는 소통 과정은 정말 신비롭기만 하다.

똑똑, 거기 누구 없어요

미생물은 우리와는 아주 다른 언어로 소통하지만, 화학 물질을 분비해서 소통한다는 점에서는 세포의 소통과 비슷하다. 미생물은 대사 과정에서 생성되는 화학 물질인 자가유도물질autoinducer을 이용해서 소통한다. 이 자가유도물질은 미생물이 자라면서 세포 밖으로 조금씩 분비되는데, 주변의 미생물은 환경에 존재하는 유도 물질의 농도를 감지한다. 이 과정을 '쿼럼 센싱quorum sensing'이라고 한다. 쿼럼은 정족수라는 말로, 회의를 주재하기 위해 필요한 최소한의 회원수를 뜻한다. 미생물은 이렇게 자가유도물질의 농도를 감지해서 미생물 군집의 크기를 파악한다. 자가유도물질 농도가 낮으면 주변의 미생물 수가 적고 농도가 높으면 미생물 수가 많다고 감지하는 것이다. 자가유도물질의 농도가 높아지면 일부는 다시 미생물 안으로 흡수되는데, 흡수된 자가유도물질은 특별한 유전자를 발현시킨다. 그렇게 되면 미생물은 평소와 다른 매우 이상한 행동을 하게 된다.

그중에서도 가장 신기한 현상은 바닷물에 사는 세균인 비브리오*Vibrio fischeri*가 자가유도물질에 반응해서 나타내는 행동이다. 이 세균은 바닷물에 둥둥 떠다니는데, 가끔 하와이짧은꼬리오징어의 내장에 공생할 때가 있다. 비브리오가 해양에 부유하는 경우는 단위부피당 개체수가 적어 주변의 자가유도물질의 농도가 낮을 때다. 만약 오징어가 비브리오를 삼키게 되면 이 세균은 오징어 뱃속에서 세포 분열을 통해 개체수를 급격히 늘린다. 그러면 오징어 뱃속의 자가유도물질 농도도 급격히 높아진다. 넓은 운동장에서 한두 명이 놀 때는 이산화탄소 농도에 큰 변화가 없지만, 자동차에서 너 명이 타고 먼 길을 갈 때면 차 안의 이산화탄소 농도가 급격히 상승하는 것과 같은 이치다. 이렇게 자가유도물질의 농도가 높아지면 이 유도 물질은 비브리오에 다시 흡수되어 루시퍼레이스luciferase라는 효소의 유전자를 활성화한다. 루시퍼레이스는 루시페린이라는 화학 물질을 산화시키고, 산화된 루시페린은 형광 빛을 낸다. 비브리오가 이렇게 반짝반짝 빛을 내면, 결국 오징어 자체가 밝게 빛이 난다. 한밤중에 반짝이는 오징어들이 바다에 둥둥 떠다니게 되면, 이 광경을 본 물고기는 '달이 떴다'고 착각하고 오징어 주위로 몰려 든다. 비브리오의 반짝임 덕분에 오징어는 제 발로 찾아온 물고기를 별다른 노력 없이 주워 먹고, 비브리오는 물고기 찌꺼기를 얻어먹게 되니 누이 좋고 매부 좋은 상황이다.

미생물이 쿼럼 센싱으로 소통하고 행동 양식을 바꾸는 사례는 무수히 많다. '도시 개발 전문가'인 슈도모나스*Pseudomonas*는 생물막biofilm이라는 미생물 도시를 형성하는 과정에서 쿼럼 센싱으로 소통한다. 뿐만 아니라 우리 몸에 병을 일으키는 살모넬라, 대장균, 비브리오 같은 미생물도 쿼럼 센싱으로 여럿이 모였을 때만 독소를 내거나 세포를 파괴하는 효소를 만들어 낸다. 같은 병원균이라도 자신들의 숫자가 적으면 면역 세포 때문에 병을 일으키기에

하와이짧은꼬리오징어(왼쪽)와 비브리오의 발광 현상

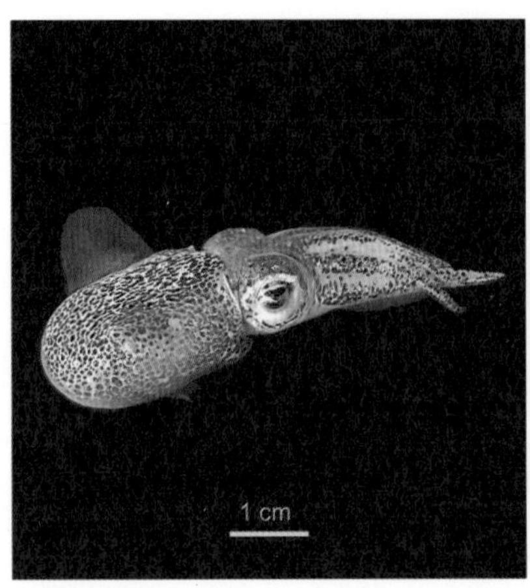

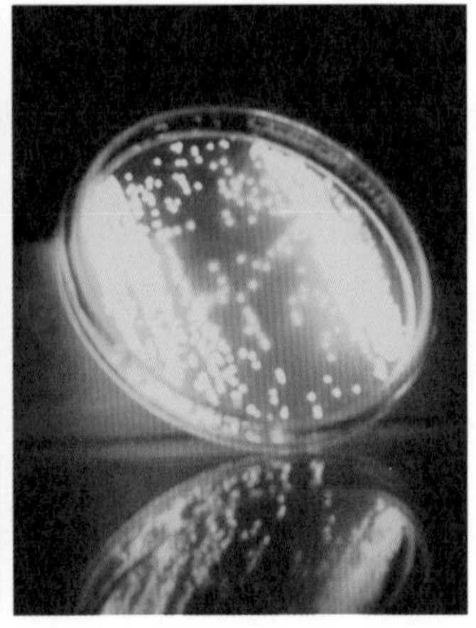

불리하다는 것을 알고 복지부동하다가, 쿼럼 센싱으로 충분한 숫자가 되었다고 판단되면 독소를 만드는 유전자를 발현한다. 여러 개체가 많은 양의 독소를 일시에 투척해서 숙주에게 심각한 타격을 입히는 전략이다. 수영장에 잉크를 한 방울씩 똑똑똑 여러 번 떨어뜨려도 물 색에 큰 변화가 없지만, 많은 양의 잉크를 한 번에 떨어뜨리면 색깔이 변하는 것처럼 말이다.

곰팡이의 수다

곰팡이도 이와 비슷하게 쿼럼 센싱으로 소통하지만, 다른 미생물보다 훨씬 다양한 화합물을 만들어 소통한다. 우선 곰팡이가 유성생식을 할 때 페로몬을 이용해서 파트너를 찾고, 휘발성 유기 화합물volatile organic compound, VOC을 분비해서 주변의 세균, 식물, 동물과 소통한다는 것은 잘 알려져 있다. 반면 곰팡이가 쿼럼 센싱을 한다는 것이 밝혀진 것은 얼마 되지 않았다. 곰팡이의 쿼럼 센싱은 칸디다 알비칸스*Candida albicans*에서 처음 발견되었다. 이 곰팡이는 우리 몸에 살면서 여성들을 귀찮게 하는 질염이나 아기들의 기저귀 발진을 일으키기도 하고, 요즘은 면역결핍증 환자의 생명을 위협하기도 한다. 칸디다는 효모형으로 동그랗게 자라기도 하지만, 길쭉한 균사 형태로 자라기도 하는 이형성二形性, dimorphic 곰팡이다. 보통 병을 일으키지 않고 우리 몸에 상주균으로 있을 때는 효모형으로 자라다가 병원성으로 전환되어 조직에 침투할 때면 균사를 뻗으면서 자란다. 그래서 많은 사람들이 칸디다의 효모형과 균사형의 차이점을 조사했고, 칸디다가 병원성으로 전환하는 과정과 조건을 찾는 연구를 많이 했다. 나도 미국에서 박사후연구원으로 일할 때 처음 받은 연구 주제가 칸디다가 효모형과 균사형으로 다르게 발현되게 하는 유전자를 찾는 것이었다. 그 과정에서 전사체transcriptome 연구를 시작했다. 전사체 연구를 하면, 세포가 다른 환경에 있을 때 각기 어떤 종류의 유전자가 발현되는지 확인할 수 있기 때문이다. 칸디다 유전체에는 약 6000개의 유전자가 있다. 이들 중에 어떤 유전자가 칸디다를 효모형과 균사형으로 달리 자라게 하는지 찾아낼 계획이었다.

칸디다를 효모형과 균사형으로 키우려면 영양 성분을 달리 한 두 종류의 배지에서 각각 25도와 37도의 온도로 키우면 된다. 배지를 만드는 과정도 어렵지 않아 두 가지 형태로 자란 칸디다를 키워 유전 물질을 추출하는 것쯤이야 식은 죽 먹기라고 생각했다. 그런데 실험을 몇 번이나 반복해도 칸디다가 37도에서 균사형으로 자라지 않고 효모형으로 뭉쳐 자라는 것이었다. 이유를 몰라 전전긍긍하던 즈음에 미국 네브래스카 대학의 연구팀이 칸디다에서 파네솔farnesol이라는 곰팡이 쿼럼 센싱 물질을 분리했다는 논문이 발표되었다. 칸디다도 세균처럼 주변에 파네솔을 조금씩 분비하는데, 배지의 파네솔 농도가 높아지면 칸디다의 유전자 발현이 조절되어 균사형으로 자라지 못하게 된다는 것이었다. 세균만 쿼럼 센싱을 한다는 그 동안의 통념을 깨는 놀라운 발견이었다. 그 동안 몇 번씩 실험을 망친 이유도, 배지에 접종한 칸디다의 수가 너무 많거나 전날 키우던 배지를 잘 씻지 않아 배지 안에 파네솔이 잔류하고 있었기 때문이었다. 칸디다 숫자가 조금 많고 적은 게 무슨 대수냐라고 생각했던 내 자신이 새삼 부끄러웠다. 이 사실이 밝혀진 뒤로 나는 매번 밤새 키운 칸디다를 깨끗이 씻고 개수를 세어 같은 수의 칸디다를 접종했고, 그 사소한 차이로 큰 문제 없이 칸디다를 균사형으로 키울 수 있었다. 곰팡이의 소통의 위대함을 새삼 깨닫게 하는 사건이었다.

이 밖에도 파네솔은 칸디다가 우리 몸에서 생체막을 형성하는 것을 촉진하거나 면역 세포가 분비하는 활성 산소에 노출되었을 때 보호하는 기능을 하기도 하고, 숙주의 면역 작용을 저해한다는 것도 밝혀졌다. 더욱 재미있는 사실은 다른 미생물도 곰팡이가 분비하는 파네솔을 감지하고 반응한다는 것이다. 슈도모나스는 칸디다의 파네솔을 감지해서 주변에 칸디다 균사형이 자라고 있으

칸디다 알비칸스의 효모형(왼쪽)과 균사형

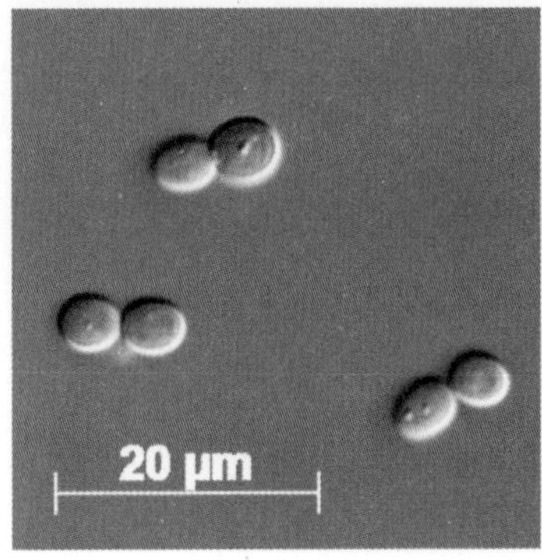

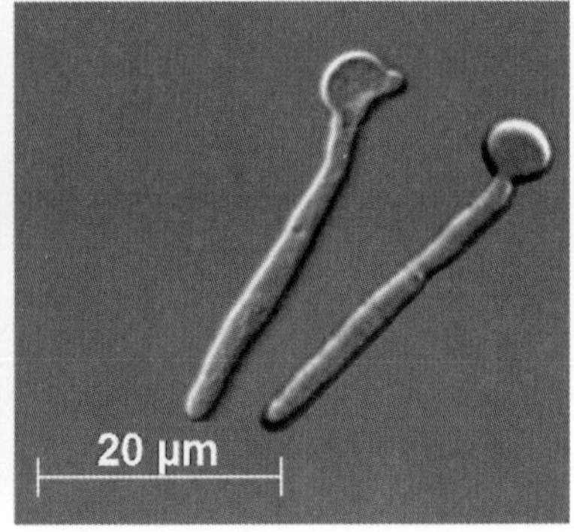

면 칸디다를 공격해서 죽이기도 한다. 슈도모나스와 칸디다는 자연에서 같은 곳에 자리 잡게 되는 경우가 종종 있다. 아마도 두 미생물이 같은 환경을 공유할 때 협력 또는 경쟁하며 적응하며 진화한 결과일 것이다. 마찬가지로, 칸디다와 입속에 함께 살고 있는 연쇄상구균이나 방추형간균*Fusobacteria* 같은 미생물도 쿼럼 센싱을 하면서 구강의 염증 반응을 촉진한다고 한다. 반면 우리가 프로바이오틱스라고 많이 알고 있는 유산균, 락토바실러스*Lactobacillus*는 쿼럼 센싱으로 칸디다를 감지해 칸디다의 생장을 방해한다. 다양한 미생물이 인간의 몸에서 오랜 시간 공생하고 경쟁하면서 서로의 언어를 습득하며 적응한 결과일 것이다. 물론 곰팡이들끼리도 파네솔로 소통한다. 특히나 알코올 발효에 사용되는 효모나 된장을 만드는 누룩곰팡이는 파네솔에 노출되면 성장이 저해된다고 하니 술과 장을 맛있게 담그려면 곰팡이의 소통에도 보다 많은 관심을 가져야 할 것이다.

뿐만 아니라 곰팡이는 다양한 이차대사물질을 분비해서 다른 생물과 소통한다. 예를 들어, 곰팡이는 식물의 키를 조절하는 호르몬이라고 알려진 지베렐린gibberellin을 분비해서 식물이 곰팡이 쪽으로 자라도록 유도한다. 식물의 뿌리에 공생하는 균근 곰팡이의 포자는 땅 속에 묻혀 있다. 그런데 곰팡이 포자가 발아해서 균

---

* 선충은 몸길이가 0.1~1밀리미터 정도의 아주 작은 벌레다. 실험실에서 모델생물로 사용되는 예쁜꼬마선충(*C. elegans*)도 같은 종류다.

근으로 자라려면 먼저 식물의 뿌리에 부착해야 한다. 이때 균근 곰팡이는 지베렐린을 분비해서 식물의 뿌리가 곰팡이 쪽으로 더 빨리 자라게 하고, 그 결과 균사체는 뿌리에 더 쉽게 부착할 수 있게 된다. 이뿐 아니라 곰팡이는 식물 내부에서도 균사를 뻗어 식물의 유전자 발현을 조절하고, 식물이 곰팡이의 성장을 저해하지 못하도록 식물의 면역 작용을 억제하기도 한다.

어떤 경우에는 곰팡이와의 소통이 비극적인 결말로 이어지기도 한다. 곰팡이와 소통하는 선충이 바로 그 가련한 예다. 어떤 곰팡이는 선충을 유인하는 화학 물질을 분비하는데, 선충이 그 신호를

선충을 유인한 곰팡이가 포박하듯 휘감아 선충을 잡아먹고 있다.

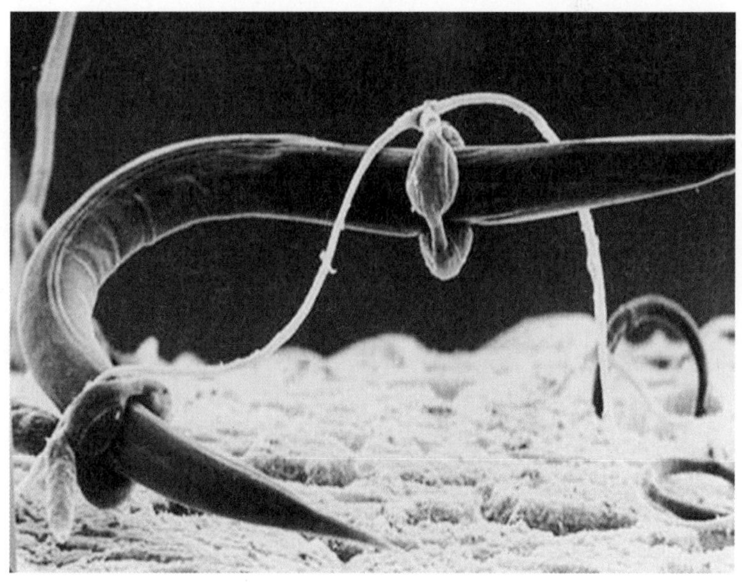

감지하고 가까이 오면 곰팡이는 선충을 낚시하듯 잡아먹는다. 선충은 자연 상태에서는 토양에 서식하는데, 선충의 어떤 종은 작물에 심각한 피해를 주기도 한다. 죽음을 부르는 향기, 좀 섬뜩하기는 하지만, 선충을 잡아먹는 곰팡이를 잘 이용한다면 작물에 심각한 피해를 주는 선충을 방제에 이용할 수 있지 않을까?

소통과 공감의 생물학적 의미

생물의 소통은 경계선 밖의 미세한 변화를 감지하고 섬세하게 반응하는 과정이다. 단세포인 미생물은 물론이고 복잡한 조직을 가진 다세포 생물까지 모든 생명체가 삶을 유지하기 위해서는 소통의 과정이 꼭 필요하다. 자연에는 늘 여러 미생물이 북적거리는데, 그들 사회에는 미생물의 종류만큼이나 다양한 언어가 존재한다. 물론 이 세포들 모두 자신들만의 고유 언어로 소통한다. 우리나라 사람은 한국어로 말하고, 미국 사람은 영어로, 일본 사람은 일본어로 말하는 것과 마찬가지다. 당연히 유연관계가 가까운 생물끼리는 서로 소통이 쉬운 반면, 유연관계가 먼 생물은 소통이 어렵거나 아예 소통하지 못하기도 한다.

우리의 대장에도 수백 종의 미생물이 생물막을 만들고 공생한다. 생태계에서 미생물의 쿼럼 센싱은 같은 종이 서로 소통하는 언어이기도 하지만, 서식지를 공유하는 다양한 이웃을 확인하는 공용어이기도 하다. 이런 공용어는 여러 종류의 세균이 다 함께 사용하는데, 세균의 언어를 알아듣는 곰팡이가 있는가 하면, 곰팡이의 언어를 이해하는 세균도 존재한다. 그리고 이런 미생물의 공용어는 공생하는 미생물이 서로 협력하고 상생하도록 유전자를 발현시키기도 하고, 경쟁 관계에 있는 미생물의 생존 투쟁을 유발하기도 한다. 자신들만의 언어로 이웃해 있는 여러 세포와 환경의 변화를 감지하고 그 신호에 따라 세포가 유전자 발현을 전환하고 삶의 방식을 바꾸는 것이다. 미생물이 쿼럼 센싱으로 이웃 세포를 '똑똑똑!' 두드려 깨우면 그 신호는 순식간에 연쇄 반응처럼 주변으로 퍼져 나가 집단의 새로운 삶을 일깨운다. 마치 깜깜한 어둠 속에 촛불이 하나 켜지고 주변의 초들로 불이 옮겨 붙으면 어둠을 밝힐 수 있는 큰 불이 되는 것과 마찬가지다. 혼자서 감당할 수 있는 일에는 한계가 있지만, 함께 하면 더 큰 힘을 낼 수 있고 감당할 수 있는 일의 지평도 훨씬 넓어진다. 소통과 공감 덕분에 모든 생물은 더불어 살아가고 있다.

미생물의 도시, 로스 미크로비오스

— 천사의 도시, 로스앤젤레스

캘리포니아에는 유독 스페인어 지명이 많다. 스페인 탐험가들이 캘리포니아를 정복하면서 그들이 존경하던 성인들의 이름을 따서 샌프란시스코, 산호세, 샌디에이고 같은 이름을 지었다고 한다. 물론 로스앤젤레스Los Angeles라는 이름도 스페인어에서 왔다. 멕시코에서 함께 이주한 가톨릭 신부와 신도들이 모여 마을을 이루면서 '천사들의 여왕인 성모의 마을'이라고 이름을 지었다가, 이후에 '성모'는 어디론가 사라져 버리고 '천사의 도시'라는 낭만적인 이름만 남았다고 한다.

물론 미생물도 자연에서 혼자 살아가지 않는다. 특히 자연 상태의 미생물은 서로 어울려, 생물막이라는 미생물의 도시, '로스 미크로비오스Los Microbios'를 세운다. 여기저기 휩쓸려 다니던 단세포 미생물이 한데 모여 이룬 생물막은 그들만의 복잡하고 역동적인 도시라고 할 수 있다. 강가 돌 위의 미끈미끈한 얇은 막이나, 수도관이나 욕실 표면의 끈끈한 액체처럼 생물막은 우리 주변에서 쉽게 찾아볼 수 있다. 미생물은 우리 몸 구석구석에도 생물막을 만든다. 매일 아침 습관적으로 하는 양치질은 그들이 밤새 지어 놓은 생물막을 제거하는 일이다. 입속에 있던 생물막을 칫솔질로 부수는 동안 그중 일부는 칫솔모에 옮겨가 그곳에서 또 열심히 집을 짓는다. 콘택트렌즈 세척을 게을리 했다면 촉촉한 렌즈 표면에도 생물막이 생길 것이고, 욕실의 타일에 따뜻한 김이 서려 있다면 그곳에도 그들은 아름다운 건축물을 짓고 있을 것이다.

생물막은 마치 건축가가 잘 지은 건물처럼 단단하고 균형 잡힌 구조물이다. 건물을 지을 때 벽돌을 한 장 한 장 올리기만 한다면, 손가락으로 살짝만 밀어도 순식간에 와르르 무너지고 말 것이다. 그래서 벽돌 사이사이에 시멘트를 굳혀 단단히 고정한다. 미생물 세포 하나하나는 건물의 벽돌이다. 이 세포들을 연결하기 위해 미생물은 세포외기질extracellular matrix이라는 다당류 복합체를 세포 밖으로 분비한다. 일종의 시멘트인 셈이다. 세포외기질은 미생물 표면을 서로 연결할 뿐 아니라 생물막 표면에도 보호막을 형성해 환경 변화에 견딜 수 있게 한다. 미생물은 독립 생활을 할 때는 세포외기질을 만들지 않고 생물막을 만들 때만 이 유기물을 만들어 분비한다.

— 나만 믿고 따라와!

미생물의 도시도 우리가 도시를 건설할 때와 유사하게 만들어진다. 역사에 나오는 개척자들은 인간의 발길이 닿지 않은 미지의 세계에 들어가 탐험하며 새로운 세상의 존재를 알렸다. 미생물의 도시도 개척자 미생물이 시작한다. 소수의 개척자들이 도시를 건설할 만한 곳을 발견하면 둥둥 떠다닐 때 쓰던 날개(편모)를 접고 표면에 부착한다. 개척자를 따라 정착한 소수의 미생물은 빠르게 분열해서 개체수를 늘린다. 그러다 어느 정도 이상이 되면 미생물은 자신의 몸을 끈적끈적하게 해서는 서로 단단하게 달라붙어 작은 마을을 만든다. 구조가 점점 복잡해지면 작은 마을 사이로 길이 생기고, 새로운 구조물이 들어서며 커다란 도시로 발전한다.

생물막에 살게 된 미생물은 사는 방식과 역할에 따라 각각 다른 위치에 자리 잡는다. 마치 대도시 번화가를 좋아하는 사람과 한적한 교외를 좋아하는 사람으로 갈리는 것과 마찬가지다. 생물막이 커지면 안쪽은 산소투과도도 떨어지고 양분도 상대적으로 적기 때문에 산소가 없는 곳에서 살 수 있는 미생물이 주로 산다. 이들은 매우 천천히 자라면서 구조를 지탱하는 버팀목 역할을 한다. 생물막 바깥쪽의 미생물은 도시 표면에 보호막을 형성하기 위해 대사 활동을 활발히 하면서 환경의 변화를 민감하게 감지한다. 그리고 분열하는 세포 중 일부는 생물막에서 떨어져 나가 새로운 마을을 찾아 떠나는 개척자가 된다.

— 도시의 힘

이렇게 도시를 이뤄 함께 사는 미생물은 혼자서는 도저히 해낼 수 없는 일을 할 수 있다. 생물막에 들어간 미생물은 서로 단단히 붙어 있기 때문에 침이나 눈물, 가래처럼 우리 몸에서 분비되는 액체에 쉽게 씻겨 나가지 않는다. 또한 미생물이 생물막을 형성하면 덩치가 커져 면역 세포에 쉽게 잡아먹히지 않을 뿐 아니라 면역 세포가 분비하는 면역 물질에 대한 저항성도 커진다. 가장 큰 문제는 미생물이 생물막을 형성하면 항생 물질에도 내성이 생긴다는 점이다. 생물막을 형성하는 미생물은 부유하는 개체들보다 항생제에 대한 내성이 1000배나 더 강하다는 연구 결과도 있다.

최근 연구 결과를 보면, 생물막에 항생 물질을 처리하면 표면의 미생물은 죽더라도 안쪽에 있는 미생물은 예전보다 더 단단한 생물막을 짓는다고 한다. 이 연구에서는 항생 물질을 처리한 생물막이 300시간에 걸쳐 어떻게 변하는지 그 양상을 시뮬레이션을 통해 확인해 보았다. 초록색의 숲처럼 보이는 것이 살아 있는 미생물막이며 군데군데 보이는 빨간색 점이 죽은 세포들이다. 항생제를 처리하고 처음 105시간이 지나자 생물막이 전부 빨간 색으로 변했다. 항생제 때문에 생물막의 미생물이 모두 죽은 것이다. 그런데 225시간이 지나자 곳곳에 연두색 점이 생기기 시작했다. 세포가 다시 살아나기 시작한 것이다. 300시간 후에는 처음과 비슷한 두께로 생물막이 푸르게 살아났다. 그뿐 아니라 생물막 사이사이 보이는 짙은 초록색 점들은 다른 세포보다 항생 물질에 대한 내성이 훨씬 강한 세포들이었다.

처음 100시간 동안 항생제가 잘 듣는 것처럼 보였던 것은 생물막 표면의 미생물이 죽었기 때문이다. 하지만 항생제가 생물막 깊숙이 침투하지 못했기 때문에 어느 정도 시간이 지나자 생물막 안쪽에서 항생 물질을 피해 살아남은 미생물이 성장해 원래의 생물막을 복원해 냈다. 심지어 항생제를 사용하면 평소에 단독으로 행동하던 미생물도 생물막을 형성한다는 연구 결과가 있고, 미생물 감염의 80퍼센트 정도가 생물막에 의한 것이라는 보고도 있다. 혼자라면 생존이 불가능한 상황에서도 미생물은 주위 환경을 감지하고 서로 소통하며 협력해서 살아남을 수 있다.

생물막은 지구 밖에서도 놀라운 생명력을 자랑한다. 최근에 스페이스엑스SpaceX와 미항공우주국NASA이 공동으로 쏘아 올린 팰컨 9이 지구로 무사히 귀환하면서 정말 조만간 지구 밖으로 여행을 떠났다 돌아올 수 있다는 기대가 높아지고 있다. 이미 버진갤럭틱Virgin Galactic이라는 회사는 지상 100킬로미터까지 올라가 무중력 체험을 하는 여행

생물막이 형성되면 항생 물질에 대한 내성이 높아진다. 생물막 표면에 있는 미생물이 항생 물질에 의해 죽더라도, 항생 물질을 피할 수 있는 생물막 안쪽의 미생물이 살아남아 생물막을 복원해 낸다. 연두색 점은 살아 있는 미생물을, 빨간색 점은 죽은 미생물을 나타낸다.

의 예약을 받고 있는데, 벌써 수천 명이 예약을 했다고 한다.

인간의 입출입이 많아져서인지 요즘 국제우주정거장은 무임승차한 미생물로 골머리를 앓고 있다. 생물이 살 수 없을 정도로 악조건인 우주정거장에 생물막을 짓고 왕성하게 살아남는 곰팡이와 미생물 때문이다. 이 미생물은 우주정거장의 철판 표면이나 파이프, 전선 같은 곳에 붙어서 금속, 플라스틱, 유리 등 가능한 모든 것을 서서히 갉아 먹는다고 한다. 특히나 이들은 대기가 없고 양분이 부족한 곳에서도 꽤 오래 살 수 있고, 태양의 복사열이나 방사선에도 잘 죽지 않기 때문에, 우주정거장에 붙은 생물막은 제거하기도 어렵다. 만약 이런 미생물이 우주선에 탑승한 사람을 감염시키기라도 하면 의료 시설이 제대로 갖춰지지 않은 좁은 공간에서 정말 심각한 문제를 일으킬 수 있을 것이다. 한편으로는 이렇게 지구 밖에서 활발하게 자라는 곰팡이와 미생물을 이용해서 먹거리를 만들거나 생체 쓰레기를 분해하는 데 이용할 수 있다면 오랜 시간이 걸리는 우주 여행에 유용하게 사용할 수 있을 것이다. 같은 생물막이라도 우리가 어떻게 연구하고 활용하는가에 따라 심각한 위협이 될 수도 있고, 고마운 생존 수단이 될 수도 있다.

Mycosphere 09

황야의 개척자들

산불 뒤에 찾아오는 첫 손님

캘리포니아의 날씨는 비가 거의 오지 않는 사막과 비슷하다. 여름에서 가을로 계절이 바뀔 즈음이면 뜨거운 태양 아래 바싹 마른 나뭇가지들이 부딪치면서 산불이 수시로 발생한다. 어떤 경우는 며칠이 지나도록 불길이 잡히지 않아 사람들을 애태우기도 한다. 산불이 꺼지고 검은 가지만 앙상한 바위산은 한동안 아무 것도 자랄 수 없을 것처럼 황량하기 그지없다. 하지만 얼마 지나지 않아 황폐한 불모지에 첫 생명을 틔우고 헐벗은 바위만 가득 한 죽은 땅을 살포시 덮어주는 생명체가 나타난다. 얇은 카펫처럼 매끈한 것도 있고, 이끼처럼 포슬포슬한 것도 보이고, 수양버들처럼 하늘거리거나 바위에 단단히 붙어 도저히 떨어지지 않을 것 같은 것들까지, 그 종류도 다양하다. 게다가 노랑, 주황, 초록, 갈색에 회색까지, 다양한 색깔과 모양이 마치 자랑이라도 하듯 눈길을 끈다. 벌거벗은 땅이 고운 옷을 입은 것 같다. 이 모든 생명이 바로 땅의 옷, 지의류地衣類, lichen다.

지구 표면의 약 6퍼센트는 지의류로 덮여 있다. 특히 식물이 자라지 않는 불모지나 건조한 지역, 툰드라와 같은 극한 환경에는 지의류가 생태계의 많은 부분을 차지한다. 모든 것이 꽁꽁 얼어붙는 북극권에서 지의류는 긴 겨울 동안 순록의 유일한 먹이다. 그래서 그곳의 사람들은 지의류를 순록이끼라고도 부른다. 우리나라를 비롯한 동양에서도 지의류는 귀한 식재료와 약재로 쓰였다. 한약재가 잘 정리된 『동의보감』이나 김시습이 지은 「석이」라는 시를 보더라도 석이나 송라 같은 지의류를 약재로 사용하거나 차로 끓여 마셨다는 기록이 남아 있다. 심지어 수천 년 전 이집트에서는 미라를 보관하기 위해 지의류를 방부제로 썼다는 기록이 있는 걸 보면, 지의류는 인류 역사의 초창기부터 우리 생활에 유용하게 사용되었음을 알 수 있다.

> 만 길의 푸른 벼랑 올라갈 엄두 못 내는데,
> 우레와 비가 이 바위 위에 버섯을 길렀구나.
> 안쪽은 거칠거칠, 바깥은 맨들맨들.
> 따 와서 비비면 깨끗하기가 종이와 같다네.
> 소금과 기름으로 볶으면 달고도 향기로와
> 입에 맞는 고기라도 어찌 그 맛을 양보하겠는가.
> 먹고 나니 나도 모르게 간담이 시원해지는 것은
> 너가 소나무와 바위 속에서 자라서지.
> 이 때문에 뱃속 가득 푸른 봉우리가 자리 잡았으니
> 석이가 사는 곳이 이미 나의 기와 몸으로 옮겨왔구나.
> 이미 십년 동안 현격히 달라진 자취 잊었으니,

오장육부 때때로 꺼내 씻을 필요가 없다네.

— 김시습 「석이」

지의류는 광합성이 가능한 미생물과 곰팡이가 함께 생활하는 공생체를 말한다. 주로 남세균이나 조류가 곰팡이와 더불어 삶을 꾸려 간다. 지의류의 모양과 색깔은 곰팡이와 공생하는 세균이나 조류의 종류에 따라 달라진다. 지의류를 형성하는 곰팡이는 대부분 자낭균류다. 현재까지 알려진 약 2만 8000종의 자낭균류 중 절반 가량이 지의류를 형성한다. 혹시 자낭균류가 지의류를 형성하고 공생하는 특별한 능력이 있는 걸까? 또 신기한 것은 자낭균의 수는 이렇게 많은데 비해, 지의류를 이루는 조류와 남세균의 종류는 매우 제한적이라는 사실이다. 지금까지는 100여 종의 조류와 남세균만 지의류를 형성하는 것으로 알려져 있다. 하지만 지금까지 알려진 지의류가 극히 일부에 불과하기 때문에, 알려지지 않은 지의류까지 포함한다면 그 수는 훨씬 많아질 것으로 예상된다.

둘보다는 셋이 좋아

불과 몇 년 전에 지의류 연구에서 '갖고 있던 생물학 책을 창 밖으로 던져 버릴' 만한 역사적인 연구 결과가 발표되었다. 지의류 연구가 시작되고 지난 약 140년 동안 과학계에는 한 종의 곰팡이는 한 종의 조류나 남세균과 만나 지의류 공생체를 형성한다는 것

지의류는 그 색깔과 모양이 무척 다양하다. 녹색이나 갈색은 물론 붉은색과 노란색을 띠는 종류도 있고, 검은색을 보이는 지의류도 있다. 생김새도 나뭇잎이나 이끼 같은 모양부터 카펫과 같은 형태까지 환경과 종에 따라 천차만별이다.

이 정설이었다. 그런데 2016년 오스트리아, 미국, 스웨덴, 캐나다의 연구팀이 공동으로 진행한 연구에서 지의류에 존재하는 제3의 공생자를 찾아냈다. 그것도 세계 6개 대륙에서 균류, 조류, 효모 세 종이 삼자 공생하는 지의류 52종을 무더기로 발견한 것이다. 이 효모는 담자균류에 속하는 단세포 곰팡이로, 지의류의 표피층에 존재하면서 지의류를 다른 미생물과 포식자로부터 보호하고 지의류의 색깔과 모양 등 표현형을 다양하게 바꿔 환경에 적응하도록 하거나, 곰팡이 포자가 광합성 파트너를 만나 싹을 틔우고 자리 잡는 과정에 중요한 역할을 하는 것으로 보인다. 그동안 실험실에서 자낭균과 조류 포자를 배양해서 지의류를 키워 보려는 갖은 노력이 수포로 돌아간 이유도 우리가 이 효모의 존재를 몰랐기 때문일는지도 모른다. 또 어떤 지의류에는 광합성을 하지 않는 세균이 더러 붙어 살기도 한다. 아마 그들도 지의류의 생존에 어떤 중요한 역할을 할 것이다. 생태계에 이유 없는 공생이란 없으니 말이다.

조류가 곰팡이를 만났을 때

지의류의 세계에는 아직도 풀리지 않은 미스터리가 많다. 특히나 곰팡이와 광합성 파트너가 짝을 이루는 과정에 대해서는 알려진 것이 거의 없다. 곰팡이가 광합성 파트너를 선택하는 것일까? 아니면 광합성 파트너가 곰팡이를 골라서 자리 잡는 것일까? 둘은 과연 어떤 관계일까? 우선 지의류를 구성하는 곰팡이는 조류와 남세균이 지낼 수 있는 든든한 집을 제공한다. 곰팡이 포자가 단단한 암석 표면이나 토양에 자리를 잡으면 균사를 뻗어 표면에 단단하게 부착할 수 있다. 균사는 자라면서 가지를 치고 조직화된 구조를 형성해 조류와 남세균의 연약한 세포를 보호한다. 곰팡이가 자라면서 합성하고 분비하는 대사물질은 주위의 무기물을 바꾸거나 분해해 쉽게 흡수할 수 있는 형태로 바꾼다. 또한 곰팡이는 침투력이 뛰어난 균사를 뻗어 건조한 암석에서 수분과 무기물을 흡수해 남세균과 조류에게 공급한다. 곰팡이 덕분에 수분과 무기물, 그리고 안전한 서식지를 얻은 이들은 광합성으로 합성한 포도당을 곰팡이와 나눈다. 뿐만 아니라 지의류로 정착한 일부 남세균은 공기 중의 질소를 암모늄의 형태로 전환하기도 한다. 질소는 단백질과 유전 물질을 합성하는 데 꼭 필요한 원소지만, 대부분은 세포가 사용할 수 없는 기체 상태로 존재한다. 대기의 80퍼센트를 차지하는 질소 기체는 대부분의 생물에게는 '그림의 떡'일 뿐이다. 이런 질소 기체는 미생물에 의해 생물이 흡수할 수 있는 암모늄 이온으로 전환되어야 다른 생물이 이용할 수 있다. 이 과정을 '질소 고정'이라고 하는데, 아주 소수의 미생물만 질소 고정을 하는 것으로 알려져 있다. 그중 하나가 바로 지의류를 구성하는 남세균이다. 남세균은 헤테로시스트heterocyst라는 특별한 세포를 형성해서 질소 기체를 암모늄으로 전환해 곰팡이와 나눌 수 있다. 그 덕에 곰팡이는 탄소 화합물뿐 아니라 질소 화합물도 손쉽게 얻을 수 있다. 그렇다면 곰팡이와 남세균 중 누가 덕을 더 많이 보는 것일까?

지의류에 공생하는 조류나 남세균은 독립적으로 살 수 있는 개체들이다. 하지만 이들이 독립 생활을 할 때와 지의류로 공생 관계에 있을 때를 비교해 보면, 공생 관계를 이룰 때 훨씬 더 잘 자란다. 곰팡이와 함께 살 때 삶의 조건이 훨씬 더 낫기 때문이다. 지의류를 형성하는 곰팡이는 다른 곰팡이는 분비하지 않는 다양한 대사산물을 만들어서 광합성 공생자를 자외선이나 건조하고 척박한 환경에서 보호한다. 하지만 아무리 생존 능력이 강한 곰팡이라고 할지라도 지의류 곰팡이는 조류나 남세균에게 의존하지 않는다면 홀로서기가 불가능하다. 그래서일까? 곰팡이는 광합성 파트너가 합성한 당분의 절반 정도만 곰팡이가 사용할 수 있는 성분으로 전환한다. 광합성 파트너가 합성한 당분에 의존해서 살아가는 곰팡이의 염치는 웬만한 사람에 결코 못지않다. 심지어 어떤 과학자는 곰팡이와 조류의 공생을 주인과 노예의 관계에 비유한다. 곰팡이가 살아남기 위해 조류에 기생하며 조류를 노예처럼 부린다는 주장이다. 하지만 이런 설명은 하나의 곰팡이와 하나의 조류가 공생한다는 전제에서 출발했기 때문에, 새롭게 밝혀진 사실에서처럼 세 종류의 미생물이 공생하거나 혹은 그 이상의 미생물이 하나의 지의류를 이룬다면, 더 이상 일 대 일의 주종 관계로 설명할 수가 없다. 차라리 지의류의 공생을 여러 멤버가 어울려 아름다운 하모니를 만들어 내는 아카펠라 그룹 같은 것으로 보는 편이 더 맞지 않을까?

넌 어느 별에서 왔니

지의류는 매우 천천히 자란다. 연구에 의하면 1밀리미터가 자라는데 약 6개월이 걸린다고 한다. 우리가 요리에 사용하는 석이버섯도 사실은 버섯이 아니라 지의류다. 석이도 1년에 1~2밀리미터 정도밖에 자라지 않는다. 만약 누군가 손가락만한 석이를 채취했다면 그 석이는 대략 30~40년은 자란 버섯인 셈이다. 또 어떤 지의류는 천년을 사는 것도 있다고 한다. 느리게 자라기는 해도 정말 끈질긴 생명력을 지닌 존재들이다.

지의류의 이런 강한 생명력의 한계는 과연 어디까지일까? 인류는 우주선을 쏘아 올리면서 인간뿐 아니라 수많은 다른 생물을 우주선에 태우고 지구 밖으로 나가는 실험을 한 적이 있다. 강아지, 원숭이처럼 덩치 큰 생물도 있었지만, 식물, 씨앗, 미생물, 벌레 같은 작은 생물들도 지구 밖 여행을 했다. 그중에서도 우리가 가장 많이 기억하고 신기해 했던 생물은 곰벌레 tardigrade일 것이다. 2007년 사람들은 건조 상태의 곰벌레를 우주 정거장으로 보냈다. 그곳에서 곰벌레를 열흘간 여러 조건에 노출시킨 후 지구로 데려와 수분을 공급해 주었다. 놀랍게도 곰벌레는 다시 살아났다. 하지만 이 곰벌레는 태양 방사선을 차단한 조건에서 수행한 실험의 대상이었다. DNA에 돌연변이를 일으키는 태양 방사선에 노출시켰던 곰벌레는 안타깝게도 깨어나지 못했다. 이에 반해, 곰팡이는 태양 방사선을 비롯한 모든 악조건을 견디고 살아남았다. 2008년 유럽우주기구 European Space Agency의 과학자들은 다시 여러 세균과 식물의 씨앗, 지의류와 조류를 우주정거장으로 보냈고, 이 생물들은 무려 18개월을 보낸 뒤 지구로 돌아왔다. 그중 일부가 휴면 상태에서 깨어났는데, 가장 끈질기게 버틴 생물은 지의류였다. 이들은 아무런 보호 장치 없이 지표면의 1000배가 넘는 태양 광선과 영하 12도에서 영상 40도를 오르내리는 온도차를 견디고 살아남았다. 우주에서 지의류가 견딘 방사선의 세기는 인간이 버틸 수 있는 방사선보다 1만 2000배나 강하며, 식료품 공장에서 음식 살균에 사용되는 감마선의 여섯 배 정도라고 한다.

지의류는 어떻게 이런 혹독한 환경을 견뎌낼 수 있을까? 지의류는 건조하고 양분이 없는 환경에 맞춰 진화하면서 독특한 조직과 보호막을 갖게 되었다. 또한 지의류는 환경이 나빠지면 스스로 몸의 수분을 빼내고 휴면 상태로 들어가 오랜 시간을 버틸 수 있다. 지의류는 직사광선이 곧바로 내리쬐는 환경에 적응하다 보니, 자외선 차단제의 역할을 하는 화합물도 합성하게 되었다. 이 사실에 주목한 여러 화장품 회사들이 지의류에서 자외선 차단 성분을 추출하는 데 공을 들이고 있다. 이런 실험이 진행되기 훨씬 이전부터 우주를 연구하던 과학자들은 지구 밖의 다른 별에도 지의류가 살고 있을 것이라는 가설을 제시했다. 지구의 혹독한 환경을 견뎌내고 지구 밖에서도 18개월을 보낼 수 있을 정도라면 정말 어느 별엔가 살고 있던 지의류가 소행성이나 혜성을 타고 지구에 날아왔을지도 모를 일이다. 만약 화성에 물이 있다면 그곳에도 지의류가 살고 있을 지도 모른다. 화성에 착륙한 퍼서비어런스 탐사선이 채집한 화성의 토양 샘플이 지구에 돌아온다면 아마도 그 답을 찾을 수 있지 않을까?

지의류, 인간, 그리고 지구

최근에 이렇게 강력한 지의류를 쩔쩔 매게 하는 강력한 적이 등장했다. 인간이 만들어 낸 대기 오염이다. 석탄을 태울 때 나오는 아황산가스가 비에 녹으면 산성비가 된다. 지의류가 산성비를 맞으면 산에 취약한 조류가 죽게 되고, 조류에 의존하는 곰팡이도 살 수 없게 된다. 산업혁명 이후 지의류가 사라진 것도 산업화와 공업 발달로 석탄 연료 소비가 증가하고 그 결과로 만들어진 산성비 때문이다. 우주의 강력한 자외선보다 더 무서운 오염 물질을 인류가 만들어 낸 것이다. 그런데 신기하게도 요즘 다시 지의류가 돌아오고 있다. 대기 오염이 완화된 것일까? 절대 그렇지 않다. 우리가 만들어 낸 또 다른 오염 물질인 질소 산화물 때문이다. 질소 산화물이 물에 녹으면 질산이 된다. 질산 자체는 지의류에 치명적이지만, 앞에서 이야기 했듯이 간혹 광합성 세균 중에 질소를 이용할 수 있는 종이 있다. 그 결과 질산 화합물을 영양소로 이용할 수 있는 특정 종류의 지의류가 다시 번성하게 된 것이다. 혹독한 훈련을 거치며 지의류가 대기 오염에 적응한 진화의 결과다. 오염된 대기에 적응한 적자생존의 예라고나 할까?

최근에는 지의류를 환경 오염 방지에 이용하려는 연구가 활발하게 진행되고 있다. 그중 하나가 생물토양피막biological soil crust을 이용해서 황사를 막는 연구다. 생물토양피막은 광합성 미생물들이 건조한 지역에 형성하는 막이다. 지의류는 이들과 공존하면서 생물토양피막을 두껍게 한다. 토양에 생물토양피막이 두껍게 자리 잡게 되면 빗물을 머금어 토양 환경을 비옥하게 하고 황사의 원인이 되는 토양의 사막화를 방지할 수 있다. 만약 중국의 사막에 지의류를 잘 키울 수 있는 방법이 개발된다면, 해마다 봄 하늘을 노랗게 덮는 황사로부터 해방될 수도 있지 않을까?

뿐만 아니라 지의류 연구가 계속 이어진다면 인류의 오랜 숙원인 질병을 치료하는 유용한 약용 성분을 찾아낼 수도 있을 것이다. 지의류의 대사산물에는 항암, 항비만, 항당뇨, 항치매 성분 등이 존재한다. 이 성분은 모두 곰팡이의 이차대사 과정에서 합성되는 폴리케타이드polyketide 성분이다. 이미 예전부터 지의류는 귀한 약재로 활용되었고, 우리는 지의류에서 추출한 항생 물질, 방향물질, 염료, 향신료를 다양하게 이용하고 있다. 우리가 초등학교 화학 실험에서 사용하는 리트머스 시험지도 지의류에서 추출한 성분이다. 이런 다양한 산물을 형성하게 된 이유는 아마도 지의류로 사는 곰팡이가 자신에게 양분을 공급하는 조류와 남세균을 돕기 위해 나름의 노력을 기울인 결과였을 것이다.

물론 이와 같이 유용한 대사산물을 대량으로 추출하는 데에는 어마어마한 난관이 있다. 1년에 겨우 몇 밀리미터를 자라는 지의류를 어떻게 빨리 키울 것이며, 어떤 대사 과정이 이 성분을 합성하는지, 또 어떤 유전자가 이 과정에 관여하는지를 우선 밝혀내야 할 것이다. 이 모든 것이 밝혀진다 해도 유전공학으로 특정 대사

산물을 대량 생산할 수 있는 방법을 찾는 길은 또 얼마나 멀고 험난한지. 하지만 언젠가 또 '생물학 교과서를 집어 던질 만한' 연구 결과가 발표되고, 이런 생물학의 위대한 발견이 인류를 이롭게 하는 기술로 발전해 온 것처럼, 인류는 다시 한번 전혀 새로운 방법을 찾아내지 않을까?

지의류는 비가 거의 오지 않는 사막과 추운 북극과 열대 지방에 이르기까지 지구상 거의 모든 기후에서 척박한 환경을 개척하는 개척자로, 또 먹이사슬의 최하위를 지탱하며 동물에게 먹이를 제공하는 생산자로 오랜 시간을 살아왔다. 곰팡이가 더위나 추위, 건조한 기후, 화학 물질 오염이나 산성화된 토양 등 극한 환경에서 생명을 유지하는 동안 우연히 그 길을 함께 하게 된 공생 미생물도 더불어 살아남게 되었고, 마침내 떼려야 뗄 수 없는 공생 관계를 이루고 살고 있는 것이다. 그들의 공생이 아름다운 이유는 느리지만 오랫동안 서로에게 적응하며 보완하는 관계로, 극한의 상황을 이겨내고 끈질긴 생명을 유지해 왔기 때문이 아닐까? 만약 지구상 어딘가에서 화산이 폭발해서 모든 것이 죽고 용암이 흘러 내려온 땅을 뒤덮어도, 얼마 후 지의류가 굳은 바위를 뚫고 자라면서 산성 대사물질을 분비해 암석을 조금씩 녹여낼 것이고 마침내 암석을 쪼갤 것이다. 큰 바위는 자갈이 되고 자갈은 모래가 되고 고운 모래밭은 이끼가 자랄 수 있는 기반이 될 것이다. 이끼가 자라면서 일군 땅에는 더 큰 식물이 정착하고 마침내 울창한 숲을 이룰 것이다.

Mycosphere 10

숲의 초고속 네트워크

더불어 숲

신영복 선생의 〈더불어 숲〉이라는 그림은 볼 때마다 마음을 따뜻하게 한다. 그림 속 나무들은 우리에게 가만히 속삭인다. "우리 더불어 숲이 되자"고. 나란히 서 있는 나무들이 가지를 산들산들 흔들며 손짓한다. 나무와 나무가 만나 더불어 숲이 된다. 여러 나무는 하나의 생명처럼 연결되어 서로 소통하고 공유하고 협력한다. 그래서 숲의 생태계는 하나의 운명 공동체다. 그런데 이 그림에서 하나 빠진 것이 있다. 바로 나무의 뿌리를 지지하고 지원하는 균근菌根, mycorrhizae이다. 숲의 네트워크wood wide web를 이루는 나무들의 소통, 그 중심에 곰팡이가 있다.

촉촉이 내린 비가 대지를 흠뻑 적신 후 숲 속을 걷다 보면 아름다운 색을 발하며 피어난 커다란 버섯이 눈에 들어온다. 사실 버섯의 눈에 보이는 부분은 곰팡이의 아주 작은 부분일 뿐, 땅속에는 버섯보다 수십 혹은 수백 배나 큰 균사가 나무 뿌리와 엉켜 그물처럼 자라고 있다. 떨어진 낙엽과 부서진 나뭇가지가 덮인 숲의 땅, 밟으면 푹신하고 축축한 느낌의 땅을 혹시라도 한번 파 본 일이 있는지? 보통은 나무 뿌리를 상상하겠지만 우리가 실제로 마주하는 것은 하얀 실처럼 보이는 균근이다. 거의 모든 육상 생물은 균근과 공생한다. 하나의 식물 개체가 곰팡이의 균사체와 얽혀 있으면, 그 균사체는 넓게 뻗어 나가 이웃해 있는 다른 식물로 연결돼 있다.

영어에서 균근을 뜻하는 mycorrhizae는 곰팡이를 의미하는 'myco'와 옆으로 뻗는 뿌리를 뜻하는 'rhizome'이 합쳐진 말이다. 19세기 독일의 생물학자 알베르트 프랑크Albert Bernhard Frank가 곰팡이가 식물의 뿌리와 얽혀 자라며 공생한다는 의미로 이름 붙였

식물 뿌리에 균근이 이리저리 얽혀 있다.

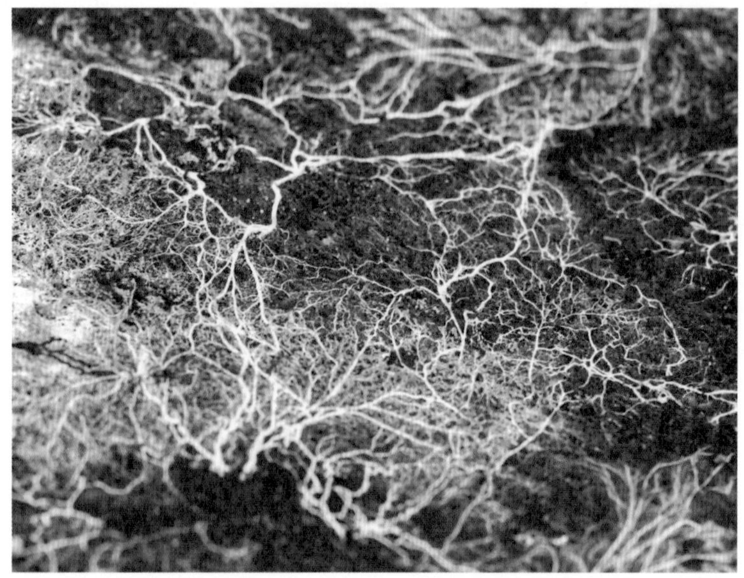

다. 숲을 걷다가 나무 뿌리 부근에서 오종종하게 뻗어 나온 버섯을 만난다면, 이미 그 나무의 뿌리는 균근에 휘감겨 있는 것이다. 나무 뿌리는 땅속에서 수분과 양분을 흡수하는 기관이다. 하지만 나무의 뿌리는 기대만큼 효과적으로 양분과 수분을 흡수하지 못한다. 균근 곰팡이가 나무 뿌리와 동거하며 식물 뿌리의 약점을 보완해야 충분한 양분 흡수가 가능하다. 물론 곰팡이도 그 대가로 식물의 광합성 산물을 얻는다. 남세균을 보호하고 대가로 광합성 산물을 얻는 지의류 곰팡이와 많이 닮은 모습이다. 식물마다 함께 하는 균근의 종류는 조금씩 다른데, 식물에 따라 파트너가 되는 곰팡이가 따로 있다고 여겨지고 있다. 우리가 익히 아는 고급 식재료인 송로버섯이나 우리나라의 송이버섯도 바로 이런 식물의 뿌리에 얽혀 있는 균근의 자실체다.

곰팡이의 땅

우리가 바다에서 스노클링을 하듯 땅 속을 들여다본다고 상상해 보자. 무엇이 보일까? 알록달록한 물고기나 산호초와 플랑크톤 대신 다양한 모양과 크기의 미생물을 볼 수 있을 것이다. 보통 5세제곱센티미터의 토양에 50억 마리의 세균과 500만 마리의 원생생물, 5000마리의 선충, 그리고 몇 종의 곤충이 살고 있다. 그렇다면 곰팡이는 토양에 얼마나 살고 있을까? 곰팡이는 균사체를 뻗어 자라기 때문에 개체수를 확인하기가 매우 어렵다. 조사에 의하면 일반적으로 토양 1제곱미터당 2만 킬로미터의 균사체가 존재한다고 한다. 지구의 둘레가 4만 킬로미터 정도이니까 땅 1제곱미터에 지구의 반을 휘감을 수 있는 균사체가 있는 셈이다. 그뿐일까? 토양에는 무수히 많은 곰팡이 포자가 잠자고 있다.

우리가 이미 아는 것처럼 곰팡이는 유기물을 분해하고 순환하게 한다. 그리고 우리가 모르는 더 중요한 곰팡이의 역할이 있다. 곰팡이는 다양한 광물 변환 과정에 관여한다. 암석과 광물에는 생명 현상에 꼭 필요한 다양한 성분이 포함되어 있다. 가장 큰 문제는 암석과 광물에서 그 성분을 녹여내는 것이 매우 어렵다는 점이다. 곰팡이는 토양의 모래와 암석 표면에 붙어 자라면서 산성 물질을 분비해서 균열을 일으키고 균사체를 형성해 땅 속을 뻗어 나가면서 토양에 틈을 만든다. 광물에 산성 물질이 닿으면 화학 반응이 일어나고 광물이 산화되면서 불용성 성분이 녹아 나온다. 그 과정에서 곰팡이는 토양의 산성도, 산소 농도, 미네랄 함유량을 바꾼다. 어떤 곰팡이는 탄산염을 분해해 탄산칼슘을 세포 외부에 저장하기도 한다. 곰팡이의 균사가 파고든 토양의 틈으로는 미네랄이 수분에 녹아 이동하면서 화학 반응이 일어나고, 또한 미생물과 작은 벌레가 움직이는 통로가 되기도 한다. 곰팡이가 토양에서 일으킨 변화가 땅 위에 사는 다른 생명을 키우는 밑거름이 되고 있다.

물에 살던 식물이 육상으로 올라와 진화를 거듭하며 살아남는 과정에도 곰팡이의 혁혁한 공헌이 배어 있다. 스코틀랜드의 라이니 지방에서 발견된 4억 년 전 화석에는 곰팡이가 식물의 뿌리에 공생하고 있었다는 흔적이 뚜렷이 남아 있다. 이것은 육상식물의 조상이 수중에서 육상으로 진화하는 초기부터 곰팡이가 식물에 공생했다는 것을 알려주는 명백한 증거다.

곰팡이가 식물이 자라는 데 꼭 필요하다는 것은 실험으로 쉽게 증명할 수 있다. 온실에서 싹을 틔운 식물을 한쪽 화분에는 멸균된 흙에 필수 영양소를 넣어 키우고, 다른 한쪽에는 흙과 영양소, 그리고 균근을 섞어 키워 보았다. 결과는 균근을 섞은 화분에 심은 식물이 흙과 영양소만으로 키운 식물보다 월등하게 잘 자라고 뿌리도 훨씬 발달했다. 그뿐 아니라 꽃을 피우거나 열매를 맺는 과정에서도 균근을 섞은 화분의 식물이 훨씬 왕성하게 성장했다. 예전부터 농업이나 원예, 임업 등 식물을 이용한 다양한 영역에서 토양에 비료와 함께 균근을 섞어 사용하고 있다.

두 화분 모두 충분한 물과 영양분을 주었고, 그 중 한쪽에만 균근을 접종했다.
줄기와 잎이 무성하고 뿌리가 더 발달한 왼쪽 화분이 균근을 접종한 것이다.

균근 곰팡이는 죽어서도 토양에 커다란 흔적을 남긴다. 스웨덴 웁살라 대학의 연구팀은 북반구 냉대림의 탄소 저장 메커니즘을 분석한 결과 숲의 탄소 중에서 50~70퍼센트가 균근의 사체라는 것을 밝혔다. 연구 결과에 따르면 곰팡이의 세포막을 이루는 성분인 에고스테롤이나 세포벽을 형성하는 키틴 같은 화합물이 숲에 오랫동안 남아 있었다고 한다. 즉, 균근은 죽더라도 균사는 바로 분해되지 않고 상당 기간 남아 탄소 저장소 역할을 하면서, 생태계의 탄소 균형을 유지하는 데 중요한 역할을 한다는 의미다. 사실 숲의 탄소 저장소는 나무나 풀이 죽은 것이 아니라, 흙 속에 있는 균근의 사체였던 것이다! 이번 논문은 스웨덴의 특정 지역의 토양을 분석한 결과이므로 일반화하기는 이르지만, 지난 150년에 걸친 인류의 화석에너지 소비로 급격히 증가한 대기 중 이산화탄소를 회수하는 데 땅 속 곰팡이가 큰 몫을 하고 있다는 것만은 분명한 사실이다.

지구를 푸르게, 더 푸르게

전 세계가 기후변화로 몸살을 앓고 있다. 특히 아프리카에서는 사하라 사막이 점점 넓어지면서 사막 이남의 주민들이 심각한 경제적·환경적 고통 속에 있다. 사막이 넓어지면서 주민들은 작물을 키우지 못해 식량이 부족해지고 수입도 없어졌다. 사막의 모래바람은 주민들의 삶 자체를 피폐하게 만들었다. 이 문제를 해결하기 위해서 점점 넓어지는 사하라 사막을 다시 푸르게 만들겠다는 절박한 몸부림이 시작되었다. 2005년부터 진행되고 있는 '거대한 녹색 벽 세우기Great Green Wall 프로젝트'다. 녹색벽 세우기 프로젝트는 아프리카 대륙에 동서를 가로질러 8000킬로미터에 달하는 대추나무jujube tree 숲을 만드는 사업이다. 대추나무는 경제와 식량 문제를 동시에 해결하기 위한 선택이었다. 대추나무가 잘 자라면 아프리카 주민들이 대추 열매를 판매해서 경제적 수입도 얻고, 식량이 부족한 이들은 열매를 식량으로도 사용할 수 있기 때문이다. 문제는 사막 지역의 토양은 양분이 부족하고 메말라서 건강한 대추나무를 심는다고 해도 잘 성장할 수 있을지가 불확실했다.

이 문제를 해결하기 위해 균근 연구팀은 대추나무를 심을 때 토양에서 배양한 균근을 함께 심을 것을 제안했다. 연구팀은 균근을 함께 심었을 때 대추나무의 초기 정착과 발육이 더 우수하다는 것을 밝혔고, 그 결과를 논문으로 발표하는 데 그치지 않고 녹색벽 세우기 프로젝트에 적용했다. 균근의 유용성이 널리 알려지면서 여러 나라에서 균근을 식물 비료로 활용하는 프로젝트도 진행 중이다. 물론 이런 연구가 실용화되려면 아직 검증되지 않은 여러 문제를 해결해야 한다. 생물 재료를 이용하는 다른 기술들과 마찬가지로, 우리가 인위적으로 옮겨 심은 균근이 생태계에 미칠 영향을 확인하고 토양 미생물 커뮤니티를 교란할 가능성이 있는지를 먼저 검증해야 한다. 접종한 균이 실제 토양에서 식물의 건강에 어떤 영향을 미치는지에 대한 연구도 아직 부족한 실정이다. 앞으로 균근 연구가 더 확장되어 화학 비료와 농약을 대체하고 지구의 생태계를 회복시키는 데 활용되기를 기대해 본다.

아프리카의 동서를 가로질러 8000킬로미터에 이르는 푸른 숲을 만드는 '거대한 녹색 벽' 프로젝트. 사하라 사막의 모래바람이 중앙아프리카 이남으로 내려오는 것을 막아 줄 것으로 기대된다

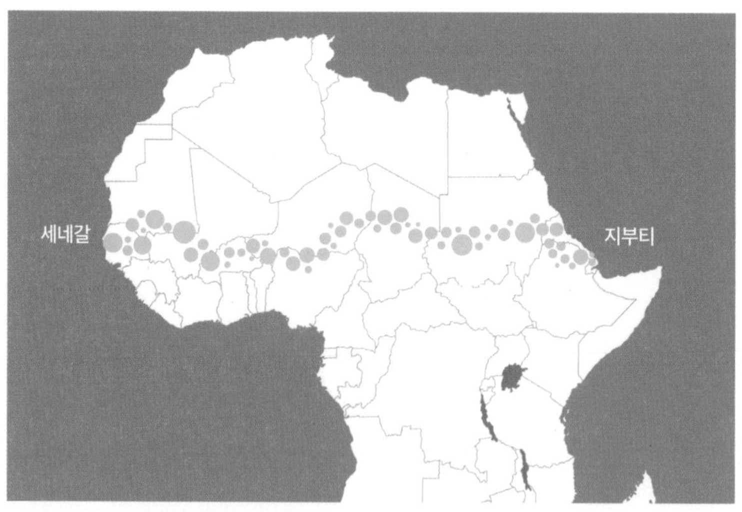

작은 나무야, 작은 나무야

숲은 크고 작은 나무와 풀, 토양의 미생물, 곤충과 동물과 새가 함께 어우러져 살아가는 거대한 생태계다. 큰 나무가 울창하게 들어 선 울창한 숲에서 가녀린 몸을 겨우 내밀고 있는 작은 나무는 큰 나무의 텃세에 밀려 제대로 발도 뻗지 못하는 것은 아닐까? 큰 나무가 굵은 뿌리로 양분을 다 먹어 치우면 작은 나무들은 살아남을 수나 있을까? 나는 막연히 작은 나무가 가여웠다. 그런데 나의 애잔한 걱정은 기우에 불과했다.

계절이 바뀔 때면 나무들은 광합성으로 만든 탄소 화합물을 서로 나누고, 큰 나무는 작은 나무들을 돌본다는 놀라운 연구 결과가 나온 것이다. 캐나다 브리티시컬럼비아 대학의 생태학자 수잰 사이마드Suzanne Simard 교수는 같은 숲에 사는 자작나무와 전나무 주위에 각각 탄소-14(^{14}C)와 탄소-13(^{13}C)로 방사성 동위원소 처리를 한 이산화탄소를 주입했다. 볕이 좋은 날에는 한 시간 정도면 이산화탄소와 물을 이용해 포도당을 합성하는 광합성 반응이 일어난다. 자작나무는 탄소-14를 품은 포도당을, 전나무는 탄소-13을 품은 포도당을 생산했다. 만약 두 나무가 각자 합성한 포도당을 공유한다면 탄소-14 와 탄소-13으로 표지된 포도당이 상대편 나무에도 검출될 것이다.

결과는 놀라웠다. 여름에는 활엽수인 자작나무에서 합성된 포도당이 침엽수인 전나무로 이동하고, 반대로 가을이 되면 침엽수인 전나무에서 합성한 포도당이 자작나무로 이동하는 현상이 관찰된 것이다. 마치 품앗이를 하는 것처럼 한쪽 나무에서 보다 활발한 광합성이 일어나는 상황이면, 여분의 탄소 화합물을 서로 나누는 것이 아닌가? 그뿐 아니라 두 나무는 질소나 인산, 물, 그리고 화학 물질과 방어 호르몬까지 서로 공유하는 것을 발견했다. 실험에 사용했던 두 나무는 꽤 멀리 떨어져 있고 뿌리도 연결되어 있지 않은데 어떻게 이런 일이 가능한 걸까? 비밀은 바로 뿌리에 공생하는 균근 곰팡이였다. 균근은 마치 한 마을의 여러 집을 하나의 망으로 연결하는 광케이블처럼 균사를 뻗어 나무들을 연결한다. 숲의 토양에 촘촘한 네트워크를 형성한 균근 곰팡이의 균사는 한 나무에서 만든 포도당이나 화학 물질을 옆 나무에게 전달하는 일종의 파이프였다.

또한 큰 나무는 균근을 이용해서 작은 나무를 키우는 사랑스러운 엄마의 역할을 한다. 엄마 나무는 땅 속에서 균근을 뻗어 작은 나무의 손을 잡는다. 하나의 엄마 나무는 수백 그루의 작은 나무와 연결되고, 엄마 나무는 자신이 합성한 탄소 화합물을 작은 나무에게 나눠 준다. 재미있게도 엄마 나무는 여러 종류의 작은 나무 중에서도 같은 종의 작은 나무를 더 살뜰하게 챙긴다. 큰 나무 그늘에 가려진 작은 나무는 엄마 나무의 돌봄 덕분에 복잡한 숲 속에서 큰 나무로 자랄 힘을 얻는다. 심지어 큰 나무는 균근을 통해 땅 밑의 공간을 확인해서 작은 나무가 발을 뻗을 공간이 부족하면 자신의 뿌리를 줄이기도 하고, 죽어가는 늙은 나무는 균근을 통해 자신의 몸에 있던 양분을 주변의 작은 식물에게 전달하기도 한다. 마치 죽음의 문턱에서 자신의 장기를 기증해 다른 생명을 살리는 아름다운 모습을 보는 것 같다.

초고속 통신 네트워크

식물이 휘발성 유기 화합물을 공기 중에 분비해서 주변의 다른 식물과 교감한다는 사실은 많이 알려져 있다. 이런 휘발성 유기 화합물은 식물이 다치거나 스트레스를 받을 경우에 분비되어 주변 식물에게 경고의 신호를 보낸다. 그 신호를 받은 주위의 식물은 덕분에 주위 환경에 대처하고 스트레스에 대한 저항력을 키운다. 식물은 또한 균근 네트워크를 이용해 소통한다는 새로운 사실도 알려졌다. 2010년 중국의 렌센쩡 연구팀은 토마토 두 그루를 균근으로 연결시켜 키운 뒤에 식물이 휘발성 화합물로 소통하는 것을 막기 위해 두 식물의 줄기와 잎 부분을 비닐봉지로 감싸고 한쪽에 병원성 곰팡이를 감염시켰다. 또 다른 한 쌍의 토마토는 균근의 형성을 방지하기 위해 비닐봉지로 두 식물의 뿌리를 막아 놓고 마찬가지로 한쪽에 유해한 곰팡이를 감염시켰다. 65시간 뒤에 각 실험군의 반대쪽 식물을 곰팡이로 감염시키자 균근으로 연결된 토마토는 곰팡이 감염에 강한 저항성을 보였다. 휘발성 화합물로 소통하는 길이 막힌 식물이 균근을 통해 다른 쪽 토마토에게 감염에 대비하라는 신호를 보낸 것이었다.

이런 현상은 식물이 해충의 공격을 받을 때도 나타난다. 2014년 영국 애버딘 대학의 루시 길버트Lucy Gilbert와 데이비드 존슨David

Johnson 연구팀은 식물이 해충의 공격을 받을 때에도 균근을 통해 서로 소통하는지 확인하기 위해 재미있는 실험을 했다. 그림처럼 두 개체의 식물을 함께 키워 공통의 균근을 형성하도록 한 후에, 한쪽 식물에만 진딧물이 붙게 했다. 그리고는 휘발성 화합물을 이용한 소통을 막기 위해 한쪽 식물에 비닐 봉지를 씌웠다. 이제 이 식물이 이웃과 소통하는 방법은 균근을 이용하는 것뿐이었다. 그런데 놀라운 일이 일어났다. 진딧물이 달라붙은 식물과 균근으로 연결된 이웃 식물에서 말벌을 유인하는 화학 물질을 분비하는 것이었다. 식물은 진딧물의 공격을 받으면 화학 물질을 내뿜어 말벌을 유인해 진딧물을 잡아먹게 한다. 진딧물에게 공격 받은 식물이 균근을 통해 이웃 식물에게 "나 진딧물에게 공격당했어!"라는 신호를 보내 이웃 식물이 말벌을 유인하도록 한 것이 분명했다. 그리고 이웃 식물은 그 신호에 화답하는 화학 물질을 분비해 말벌을 근처로 유인해서는 신호를 보낸 식물에 붙어 있는 진딧물을 잡아먹게 할 뿐 아니라 자신에게 진딧물이 달라붙을 경우까지 미리 대비한 것이다.

식물과 균근의 소통 연구는 이제 시작에 불과하고 아직 풀지 못한 숙제가 많다. 식물이 이웃과 교감할 때에는 어떤 신호를 이용하고, 수백 미터에 걸쳐 퍼져 있는 균사는 또 어떻게 소통하는지, 또 균근을 통한 교감은 얼마나 멀리까지 전파되는지 밝히려면 더 많은 연구가 필요하다.

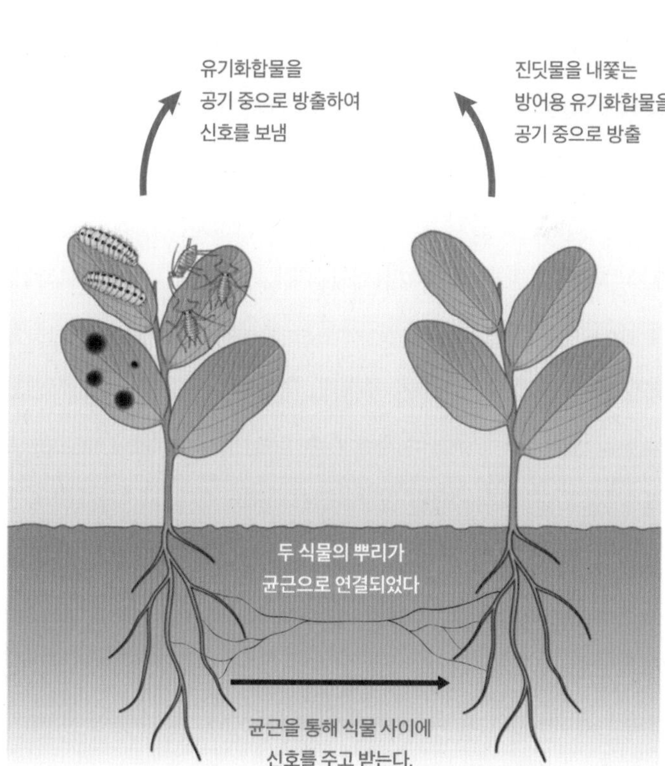

식물은 균근을 통해 신호를 주고받는다. 한 식물(왼쪽)이 진딧물의 공격을 받자, 그 식물과 균근으로 연결된 다른 식물(오른쪽)에서 진딧물을 쫓아내는 화학 물질이 분비되었다.

숲의 앵벌이

물론 식물과 균근의 공생에 이렇게 아름다운 그림만 있는 것은 아니다. 생태계에서 경쟁 관계에 있는 많은 식물은 매순간 살아남기 위해 양분을 도둑질하거나 자리를 두고 경쟁한다. 이런 경쟁 관계를 중재하는 것도 균근의 역할이다. 식물은 광합성을 통해 스스로 탄소 화합물을 합성하고 이용하는 독립영양생물이다. 하지만 간혹 엽록체가 없이 태어나는 식물이 있다. 이런 식물은 광합성을 하지 못하기 때문에 주변에서 양분을 흡수해야만 살 수 있다. 어떤 식물은 균근을 주위로 뻗어 주변의 나무가 합성한 탄소 화합물을 가져간다. 제주도에 자생하는 구상난초, 청초하게 피어나는 수정난초, 건강 보조 식품으로 많이 먹는 천마, 희귀한 유령난초 같은 식물이 모두 다른 식물이 만든 탄소 화합물을 도둑질하는 대표적인 부생식물腐生植物, saprophyte이다.

부생식물은 모두 뿌리에 엄청나게 두꺼운 균근을 지니고 있다. 부생식물은 자신의 뿌리에 키운 균근을 이웃의 식물에 뻗어 양분을 훔치는 관으로 사용한다. 우리가 흔히 말하는 '빨대 꽂는다'는 표현이 딱 어울리는 상황이다. 부생식물과 공생하는 균근은 식물의 뿌리 안으로 깊이 파고 들어 뿌리세포 내에 균사를 형성하고 자라기 시작한다. 이런 균근을 내생균근endomycorrhizae이라고 한다. 얼핏 생각하면 식물의 뿌리 안으로 곰팡이가 파고 들었으니, 곰팡이가 뿌리에 기생하는 것 같지만, 실제로는 주변의 죽은 유기체를 분해해 양분을 효과적으로 흡수해서 부생식물에게 공급해 이들을 살릴 뿐 아니라, 균사체가 뿌리세포 안에서 죽으면 부생식물에게 죽은 균사체를 양분으로 제공하기도 한다. 삶과 죽음 모두를 부생식물과 함께 하는 고마운 균근 덕분에 두 삶이 이어지는 아름다운 공생 관계라고 할 수 있다.

균근은 난초류 식물의 삶에도 꼭 필요한 존재다. 난초의 씨는 싹을 틔우는데 필요한 저장 양분을 다른 식물의 씨앗에 비해 아주 적게 가지고 있다. 그래서 난초는 싹을 틔워도 성체로 자라지 못한

분홍과 흰색이 어우러진 예쁜 꽃을 살포시 떨구고 있는 수정난초.
하지만 그 아래에서는 다른 식물이 애써 만든 영양분을 말도 없이 가져가고 있다.

다. 그런데 난초가 발아하는 과정에 균근이 붙게 되면 난초의 싹은 균근의 일부를 소화해서 영양분으로 사용하고, 또 싹이 자라면서 균근도 함께 자라나 난초가 토양에 잘 부착해서 양분을 흡수할 수 있도록 한다. 뿐만 아니라, 난초의 뿌리에 부착한 균근은 뿌리를 병들게 하는 병원균과 경쟁해서 감염을 예방하기도 한다. 난초에게 균근은 양분 흡수에 필요한 조력자일 뿐 아니라, 난초를 질병으로부터 보호하는 수호자이기도 한 것이다.

또한 균근은 여러 식물이 서로 경쟁할 때 상대방을 해치는 화학무기의 살포 통로가 되기도 한다. 아카시아, 분홍수레국화, 유칼립투스, 호두나무 같은 종은 주위에 다른 식물이 자리 잡지 못하게 하거나 뿌리 주위에 미생물이 퍼지는 것을 막기 위해 화학 물질을 방출한다. 특히나 미국의 검은호두나무 주위에는 감자나 오이 같은 식물을 키울 수 없다는 사실이 잘 알려져 있는데, 그 이유는 호두나무가 주글론juglone이라는 화학 물질을 땅으로 분비해 다른 식물의 성장을 저해하기 때문이다. 이 화학 물질도 균근을 통해서 방출된다고 하니 숲의 생태계에 미치는 균근의 영향력은 도대체 어디까지인지 놀랍기만 하다.

바다에도 숲이 있다

바다와 강이 만나는 삼각주 지역에 아주 독특한 숲이 있다. 바로 담수와 염수가 만나는 강 하구에 군락을 형성하는 맹그로브 숲이다. 맹그로브 나무는 줄기처럼 생긴 긴 뿌리를 단단하게 내리고 자라면서, 하천과 바다가 만나는 삼각지 하구에서 오염물질과 유기물을 제거하는 환경 지킴이 노릇을 톡톡히 한다. 특히나 물속에 복잡하게 뻗은 뿌리는 다양한 생물들의 안락한 보금자리가 되어 준다. 육상 식물과 마찬가지로 맹그로브 나무 뿌리에도 균근 곰팡이가 공생한다. 그 동안은 육상의 곰팡이에 너무 집중한 나머지 강이나 바다에 사는 곰팡이 연구는 그리 많지 않았다.

최근에 세계에서 가장 큰 맹그로브 숲이 있는 인도의 순다르반스 국립공원에서 생태계 연구가 진행되었고, 그 결과 그동안 잘 알려지지 않았던 맹그로브 숲의 곰팡이가 처음으로 발견되었다. 그곳에서 발견한 균근 곰팡이는 무려 44종으로 맹그로브 나무의 뿌리에 공생하면서 유기물을 분해하고 오염 물질을 정화한다는 사실이 알려졌다. 또한 이번 연구를 통해 맹그로브 숲의 공생자로 살아가는 곰팡이의 역할이 새롭게 주목받고 있다. 특히나 식물의 줄기에 사는 내생균은 맹그로브 나무에 가만히 붙어 나무가 죽기만을 기다리는 인내의 끝판왕이다. 이들은 나무가 죽으면 그제야 비로소 나무를 분해해서 성장하기 시작한다. 죽은 나무를 분해한다는 점에서는 얼핏 분해자 같지만, 이 곰팡이는 살아 있는 나무에는 전혀 피해를 주지 않으니 뭔가 다른 역할이 분명히 있을 것이다. 다만 우리가 아직 알아내지 못했을 뿐.

균근 곰팡이와 달리 맹그로브 숲에 기생하는 곰팡이는 그리 많지 않다. 최근 연구에서 26종의 기생 곰팡이를 찾아냈지만, 그마저도 맹그로브 생태계에 큰 해가 되지 않고 오히려 맹그로브 나무가 다른 병원균에 저항성을 갖도록 도와주며 건강한 생태계를 만드는 데 일정한 역할을 하고 있었다. 이 지역은 바닷물이 내륙으로 들어와 강물과 섞이는 곳이라 소금기가 많은 물이다. 아마도 이곳의 곰팡이는 다양한 농도의 염도에 적응하며 살고 있기 때문에, 일반적인 육상 곰팡이와는 대사 과정이 다를 것이라고 짐작할 수 있다. 맹그로브 숲에 사는 해양 곰팡이의 다양한 대사 과정을 연구하다 보면 푸른곰팡이에서 항생제를 발견했던 것처럼 이 곰팡이에서 인류를 구원할 대사물질을 발견하게 될지도 모를 일이다.

보이지 않는 숲의 네트워크

균근 네트워크는 영화 〈아바타〉의 숲을 떠올리게도 한다. 〈아바타〉의 배경인 판도라 행성의 생태계는 모든 생명체가 소통하고 유대하는 거대한 공동체다. 판도라의 숲에는 무수히 많은 나무가 연결되어 있고, 숲의 모든 생명체는 나무에 연결된 거대한 네트워크 안에서 소통하고 자라고 변화한다. 숲의 다양한 생명체와 더불어 살아가는 나비족은 나무 뿌리의 전기화학적 의사 소통으로 자원을 집단적으로 관리하고 상처를 치유한다. 누군가 숲의 나무들과 곰팡이 네트워크를 모티브로 그려낸 것은 아닐까?

앞서 나왔던 수잰 사이마드 교수는 균근 네트워크를 동물의 신경망에 비유한다. 기능적으로만 본다면 신경망과 균근 네트워크는 전혀 다른 조직이지만, 네트워크를 구성하는 무수히 많은 개체가 역동적으로 소통하며 네트워크의 형태를 바꾸기도 하고, 또 집단 전체의 행동을 조절한다는 점에서는 무척 닮은 조직이기도 하다. 우리도 그 거대한 네트워크의 일부로 살아간다. 우리가 숲의 향기에 취해 숲을 거니는 동안 수백 미터를 뻗어 나가 있는 곰팡이의 균사체를 밟고, 발에 묻은 포자를 여기저기 나르면서 거대한 숲의 공동체를 확장하는 데에 일조하고 있다. 우리가 발을 뻗은 땅 아래에 존재하는 곰팡이가 만들어 낸 그들의 네트워크를 상상해 본다.

"모든 생물은 실처럼 일렬로 연결된 것이 아니라, 많은 실이 얼키설키 얽힌 천과 같다는 것을 조금씩 알게 된다." 현대 생태학의 창시자로 위대한 탐험가이자 철학자이기도 했던 알렉산더 훔볼트 Alexander von Humboldt의 말처럼 우리는 이제 겨우 식물과 균근의 복잡한 네트워크를 보기 시작했을 뿐, 식물의 네트워크를 구성하는 균근과 식물의 공생 관계는 여전히 미스터리에 싸여 있다. 그 역동적인 관계가 어떻게 이루어지며, 어떻게 서로를 부르고 또 화답하는지, 이 모든 질문의 답은 우리가 앞으로 밝혀야 할 숙제다. 우리가 단지 눈에 걸리는 것만 보지 않고 보고 싶은 것을 적극적으로 찾아 나선다면 숲속 네트워크의 비밀에 한 발짝 더 다가설 수 있을 것이다. 문득 창밖으로 보이는 솔잎 한 올 한 올이 그 아래 자라는 로즈메리 덤불에게 이야기를 하는 듯 하늘거리고, 흙을 뚫고 솟아난 작은 잡초까지도 솔잎의 소리에 귀 기울이는 것 같다. 땅 위 식물이 서로 얽히고 소통하는 거대한 숲의 중심에는 언제나 곰팡이가 있음을 잊지 말자.

지금 당신이 오래된 숲을 자른다면, 당신은 단지
큰 나무 몇 그루와 나뭇가지 사이에서 펄럭이던
새들만 없애는 것이 아닙니다. 당신은 사방
몇 킬로미터 안에 사는 엄청나게 다양한 생물을
곤경에 빠뜨리고 있습니다.
이 생물의 수는 수만 종에 달할 수도 있습니다.
그들 중 일부는 아직 발견되지도 않은 종일 겁니다.
수많은 곰팡이와 미생물이 다른 여러 곤충처럼
생태계를 유지하는 데 의심의 여지없이
중요한 역할을 한다는 사실이 밝혀지지도 않은 채
이들은 영영 사라지고 말 것입니다.

— 에드워드 윌슨

나는 숲이 나무로만 이루어져 있다고
생각한 적이 있다. 하지만 이제는 숲의 근본이
땅 아래 곰팡이에 있다는 것을알고 있다.

— 데릭 젠슨

Mycosphere 11

농부에게 곰팡이는 양날의 칼

곰팡이와의 전쟁, 시작!

캘리포니아 남부의 날씨는 "오늘도 맑고, 내일도 맑고, 모레도 맑다." 따뜻하고 맑은 하늘도 하루 이틀이지, 매일 보면 가끔은 좀 싫증이 난다. 비 오는 봄이나 눈 오는 겨울을 좋아하는 나는 늘 한국의 사계절이 그립다. 그래도 지루하도록 맑은 날씨의 좋은 점이 있다면 일 년 내내 꽃을 볼 수 있다는 것이다. 특히 정원 가득 피어난 장미를 스쳐 지날 때면, 은은한 장미향에 취해 저절로 기분이 좋아진다. 꽃이 가득 피었다 지고 나서 줄기를 잘라 주면, 얼마 뒤 새 순이 자라 다시 장미꽃을 그득하게 피우니 가끔씩 장미를 아무렇게나 꺾어 꽃병에 꽂아 두고 보는 사치를 누리기도 한다.

어느 날 장미 몇 송이를 꺾는데 우연히 장미 잎에 묻은 하얀 가루가 보였다. 뭐가 묻었나 싶어서 물을 시원하게 뿌려 주었다. 그런데 며칠 지나고 보니 바로 옆의 장미 나무에도 하얀 가루가 뿌려져 있다. 번뜩 떠오른 생각은 "혹시 곰팡이병이 아닐까?" 나는 곰팡이를 연구하지만, 식물 곰팡이는 잘 모른다. 자료를 뒤적거려 보니 포도스페라*Podosphaera pannosa* 곰팡이가 일으키는 장미흰가루병powdery mildew이었다. 흰가루병은 장미 외에도 대부분의 나무가 걸리는 곰팡이병이다. 그냥 두면 정원 전체로 번질 것 같아, 밑동만 남기고 장미 가지를 모조리 잘라 버렸다. 한참 뒤 새순이 돋으며 예쁘게 자라서 안심을 했더니, 얼마 지나지 않아 또 군데군데 하얀 가루가 보인다. 줄기를 모두 잘라도 보고, 마늘즙도 뿌려보고, 식초도 뿌려보고, 정말 농약 빼고는 모든 민간요법을 다 동원해 보았지만 여전히 새순이 자라면 하얀 가루가 다시 돌아왔다. 정원 전체를 태우는 게 가장 효과적인 방법이라고 하는데, 차마 그럴 수는 없는 노릇이다. 끝날 기약이 없는 곰팡이와의 전쟁, 그 서막이 올랐다.

침입 혹은 동거

식물에 공생하는 곰팡이는 우리 내장에 있는 장내 미생물처럼 식물에게 이로움을 주기도 하지만, 공격적으로 침투해서 식물의 삶을 위협하기도 한다. 사실 식물에 발생하는 질병의 80퍼센트 이상이 곰팡이 때문이다. 식물에게 곰팡이는 잘 쓰면 자신을 지키는 무기가 되지만, 잘못하면 자신을 벨 수 있는 양날의 칼과 같다. 그 운명은 일반적으로 곰팡이가 식물의 어느 부위에 처음 접촉하는가에 따라 달라진다.

침입과 동거는 언제나 백지 한 장 차이이다. 그 첫 단추는 곰팡이가 식물의 문을 두드리면서 채워진다. 곰팡이가 식물의 줄기와,

잎, 혹은 열매의 문을 두드린다면, 이들은 식물을 죽음으로 몰고 갈 침입자가 될 확률이 아주 높다. 만약 곰팡이가 뿌리의 문을 두드린다면 이들은 아마도 식물의 착한 동반자가 될 것이다. 또한 식물의 잎이나 뿌리라도 어떤 곰팡이인가에 따라 함께 사는 내생균이 되기도 하고, 질병을 유발하는 병원균이 되기도 한다.

인간의 장내 미생물처럼 식물의 조직 내에 공존하는 곰팡이를 통틀어서 내생균endophyte이라고 한다. 내생균은 식물의 줄기나 조직 안에 조용히 살면서 식물의 대사를 촉진하기도 하고, 병충해나 냉해, 가뭄과 같은 환경의 변화에 대한 식물의 저항성을 높이기도 한다. 식물의 호르몬으로 알려진 옥신이나 지베렐린은 실제로 내생균이 분비하는 것이다. 또한 내생균은 식물과 공생하면서 다양한 이차대사물질을 합성하기도 한다. 내생균이 분비하는 알칼로이드 화합물은 병원성 바이러스를 옮기는 진딧물이 식물에 붙지 못하게 하거나, 초식동물에 중독 현상을 일으켜서 식물이 동물에게 먹히지 않도록 한다. 또 어떤 화합물은 다른 병원성 미생물의 침입을 막는 항생 물질의 역할을 하기도 한다.

최근에는 알칼로이드 성분 중에 다양한 약효가 있다는 것이 알려지면서, 내생균이 제약 산업의 새로운 보고로 떠오르고 있다. 항암 치료에 사용되는 택솔Taxol은 캘리포니아 해안가에서 자라는 주목 나무에서 처음 추출되었다. 예전부터 아메리카대륙의 원주민이 주목의 껍질을 벗겨서 약용으로 사용했다는 기록을 검토하면서 주목의 각종 화합물을 분석하다가 발견한 성분이 바로 택솔이다. 택솔은 다양한 암의 진행을 억제하는 효과가 탁월했다.

문제는 생산성이었다. 항암 치료에 충분한 양의 택솔을 추출하려면 수령 100년이 넘은 귀한 주목을 베어 껍질을 벗겨야 하기 때문에 주목이 남아나지 않을 판이었다. 그런데 최근에 택솔을 주목이 합성하는 것이 아니라, 주목의 내생균인 택소미세스*Taxomyces andreanae*라는 곰팡이가 합성한다는 사실이 밝혀지면서 덕분에 아까운 주목을 베지 않고도 곰팡이를 배양해서 택솔을 대량 생산할 수 있는 길이 열리게 되었다.

택솔뿐 아니라 예로부터 약재로 쓰이던 식물들 중에 식물과 내생균 모두 의약 활성이 있는 알칼로이드를 분비하는 종이 있다는 것이 밝혀졌다. 어쩌면 식물과 내생균이 오랫동안 공생하면서 내생균이 알칼로이드를 합성하는 유전자를 식물에게 전달했을지도 모를 일이다. 앞으로 내생균이 만드는 이차대사물질 중에서 인류를 구원할 또 다른 중요한 생리활성물질을 발견할 수도 있을 것이다. 더불어 내생균을 배지에서 대량 배양하는 방법만 찾게 된다면, 숲의 나무를 베어내지 않고도, 약효가 있는 알칼로이드를 대량 생산하는 일이 가능해 질 것이다. 그동안 우리는 내생균이 합성하는 이차대사물질의 무한한 가능성에 주목하고 유용한 대사물질을 찾는 데 힘을 쏟아 왔다. 하지만 우리는 아직 내생균이 무슨 이유로 이런 물질을 합성하는지, 또 식물과 어떤 소통을 하는지 거의 알지 못한다. 모든 연구가 그렇듯이 단편적인 연구의 합만으로는 전체 그림을 그리기 어렵다. 내생균은 식물과 독특한 관계를 맺고 진화해 왔고, 식물과 공존하고 살면서 식물의 대사 활동을 촉진하거나 식물의 환경 변화에 대한 저항성을 높여 왔다. 내생균과 식물이 어떻게 진화해 왔는지, 어떤 종류의 식물과 내생균이 공생 관계를 맺는지, 또 내생균이 어떤 방식으로 식물의 생장에 도움을 주는지 밝힐 수 있다면 기후변화로 멸종 위기에 처한 식물을 구하는 열쇠가 될 수 있지 않을까?

아일랜드 대기근

곰팡이 침입자가 식물에게 미치는 영향은 상상 이상이다. 그리고 그 결과는 식물에 의존해 살아가는 인간에게까지 엄청난 파급효과가 있다. 인류의 역사에서 일어난 굵직굵직한 사건들의 이면에도 곰팡이 침입자의 그림자가 짙게 드리워져 있다. 1850년대 이후 백만 명이 넘는 아일랜드 이민자가 생긴 것도 곰팡이 때문이다. 아일랜드에 가면 어느 가게보다 눈에 많이 띄는 곳이 바로 펍pub이다. 동네 이웃들이 참새 방앗간 드나들 듯이 찾아와 간단한 맥주와 간단한 음식을 즐기며 대화를 나누는 곳이다. 단순히 술을 파는 곳이라기보다는 아일랜드인 특유의 쾌활한 문화가 잘 녹아있는 장소이자, 세대와 세대를 잇는 나눔의 장소이기도 하다. 미국에서도 동부 여행을 하다 보면 곳곳에서 클로버 깃발이 걸린 아이리시 펍을 많이 볼 수 있다. 미국의 아이리시 펍은 어쩔 수 없이 고향을 떠나야 했던 아일랜드 이민자들의 소통과 만남의 장소였다.

이 슬픈 역사의 시작은 바로 피토프토라*Phytophthora infestans*라는 물곰팡이* 때문이었다. 1800년대 아일랜드는 영국의 식민지나 다

름없었다. 아일랜드 사람들은 애써 농사 지은 곡물을 모두 영국에 착취당하고 있었다. 그들에게 남은 것은 당시 유럽 사람들이 동물에게 사료로 주던 감자뿐이었다. 아일랜드 사람들은 하루하루 감자로 연명하며 짐승만도 못한 취급을 받고 있었다. 그나마 다행인 것은 아일랜드에서는 감자가 잘 자랐다. 그런데 1845년부터 시작된 감자역병late blight in potato은 아일랜드 사람들의 이런 비루한 삶마저도 위태롭게 만들었다.

원인은 그해 여름에 시작된 긴 장마였다. 습기를 잔뜩 머금은 바람에 물곰팡이 포자가 날려 와 감자 싹에 달라붙어 발아를 시작했다. 피토프토라는 잎에서 먼저 자라 줄기를 시들게 하고는 뿌리에 파고 들어 감자를 썩게 했다. 수확한 감자는 모두 썩어 버렸고, 아일랜드는 극심한 기근에 시달렸다. 피토프토라의 포자는 물에서 움직일 수 있는 유주자이기 때문에 비가 자주 올 때면 주위로 금방 전염된다. 하지만 당시 아일랜드 사람들은 습하고 긴 장마를 겪으면서도 이 사실을 알 수 없었다. 게다가 피토프토라는 겨울에도 죽지 않고 휴면 포자가 되어서 살아남았다. 감자역병이 돌았던 밭 전체를 불태우지 않는 한 감자역병이 퍼져 나가는 것을 막을 길이 없었다.

---

* 물곰팡이는 난균류(卵菌類, *Oomycota*)에 속해, 곰팡이의 먼 친척뻘되는 미생물이다. 형태와 번식 방법이 항아리곰팡이와 유사해 예전에는 접합균류에 속해 있었지만 세포벽의 성분이 곰팡이와 달리 셀룰로스를 비롯한 글루칸으로 되어 있고, 유전자가 조류와 더 유사해 현재는 난균류로 따로 분류하고 있다.

감자역병에 걸리면 감자 잎이 검게 변하며 말라 버린다.
수확한 감자도 안쪽이 썩어 먹을 수가 없다.

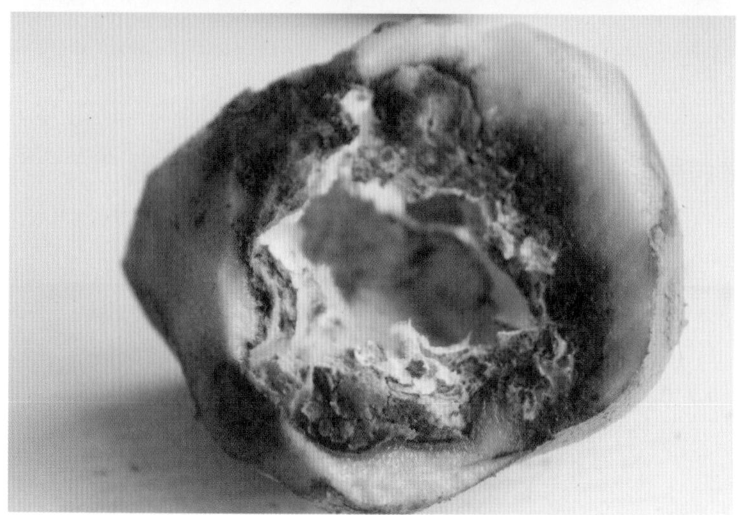

당시의 기록을 보면 1846년에는 감자역병이 습기가 많은 서풍을 타고 매주 80킬로미터씩 번져 나갔고, 8월에는 아일랜드 전역에 퍼졌다. 곰팡이 하나 때문에 나라 전체가 처참한 상태가 되었다. 5년이 넘도록 계속 된 아일랜드 대기근으로 백만 명이 넘는 아일랜드 사람이 굶어 죽었고, 미국과 캐나다에는 아일랜드 이민자가 급속하게 늘었다. 이들에게 신대륙의 삶은 녹록하지 않았다. 아일랜드 이민자가 영국에서 건너 온 사람들에게 받았던 차별은 고국에 있을 때와 별반 다를 게 없었다. 당시 영국에서 온 이민자들은 아일랜드계 이주자를 '허연 깜둥이white nigger'라고 부르며 흑인 못지않게 차별했다. 신대륙에서 겪어야 했던 서러운 차별과 고단한 삶을 달래준 것은 펍에서 동향 사람을 만나 기울이던 흑맥주 한 잔의 휴식뿐이었을 것이다. 감자역병을 일으킨 피토프토라로 고통 받던 아일랜드 사람들이 신대륙에서는 효모가 만들어 낸 맥주 한 잔으로 위로받은 것이다. 곰팡이 때문에 고통 받았지만 곰팡이에게 위로도 받은 아일랜드인에게 침입과 공생은 정말 백지 한 장 차이가 아니었나 싶다.

그때는 몰랐지만 지금은 아는 것들

식물 곰팡이병은 포자 몇 개만 날아 들어오면 금방 다른 지역으로 퍼져 나간다. 1844년에 미국에서 발생한 감자역병은 불과 1년 만인 1845년에 유럽으로 건너갔고, 아이러니하게도 아일랜드 이민자들에게 묻어간 피토프토라 때문에 몇 년 후 미국 중부 일리노이와 캐나다에서 감자역병이 발생했다. 그 와중에 미국에서 수확한 감자는 동물의 먹이로 다시 유럽에 수출이 되었고, 감자에 묻어간 피토프토라 포자는 온 유럽에 퍼져 나갔다. 아일랜드의 이민 역사가 곰팡이 균 하나를 바다 건너 두 대륙에 전파한 것이다. 감자역병은 요즘에도 미국과 영국에서 간헐적으로 발생한다. 다행히도 그 동안의 연구들 덕분에 우리는 피토프토라가 어떻게 퍼져 나가고 어떤 조건에서 제거할 수 있는지 알게 되었다. 그래서 역병이 발생할 때면 농부들은 밭 전체를 태우거나 대규모의 항진균제를 살포한다. 지금도 한국을 비롯한 아시아의 여러 나라에서는 미국과 유럽에서 유행한 감자역병이 퍼지는 것을 막기 위해서 미국 감자를 생으로 수입하는 것을 법으로 금지하고 있다.

물론 곰팡이는 여전히 왕성하게 활동하고 있고, 아주 지혜롭게 우리가 살포하는 농약에 대처하는 유연성을 획득했다. 게다가 요즘은 전 지구가 하나의 이웃인 시대다. 대규모 이동과 활발한 교역 덕분에 곰팡이 포자는 비행기나 배를 타고 빠르게 지구 전체로 퍼질 수 있는 최상의 조건이 되었다. 여전히 지구상의 식물이 걸리는 병의 80퍼센트 이상이 곰팡이 감염에 의한 것이고, 매년 무수한 양의 작물이 폐기 처분되고 있다. 곰팡이병이 큰 문제가 된 작물을 꼽으라면 열 손가락으로도 모자랄 지경이다. 미국에서만 매년 적어도 90억 달러, 우리 돈으로 10조 원 이상의 밀을 잃고, 전 세계에서 재배하는 농작물의 45퍼센트가 곰팡이 감염으로 사라진다. 만약 우리가 곰팡이병으로 썩혀 버리는 쌀을 다 모을 수 있다면, 기근으로 죽어 가는 사람들 모두를 살릴 수 있다고 하니 곰팡이로 인한 손실은 말 그대로 어마어마하다. 곰팡이는 식물에 병을 일으키지만, 그 결과로 식물에 의존해 살아가는 우리까지 엄청난 피해를 보고 있다.

커피와 바나나

미국 생활을 오래 하면서 아침을 거르는 게 습관이 됐다. 출퇴근 시간이 긴 탓에 아침은 차로 이동하면서 커피 한 잔에 바나나 하나를 먹는다. 그런데 요즘은 어쩌면 이런 일상이 불가능해 질 수도 있다는 걱정이 생겼다. 요즘 자꾸 뉴스에 등장하는 곰팡이들 때문이다. 곰팡이 때문에 피폐해지는 식물은 쌀이나 밀 같은 작물만 있는 게 아니다. 우리의 아침잠을 깨우는 향긋한 커피와, 공복을 달래기에 딱 좋은 바나나도 조만간 곰팡이의 제물이 될 지도 모른다. 곰팡이병이 하루 이틀 일도 아니고, 다른 작물처럼 반타작은 하겠지 하는 생각도 하겠지만, 요즘 들리는 소식은 심상치가 않다.

최근 연구 결과를 보면 라틴 아메리카에 있는 아라비카 커피 농장의 70퍼센트가 커피녹병coffee leaf rust으로 고생하고 있다고 한다. 커피녹병에 감염되면 나무 자체는 죽지 않지만, 열매를 맺지 못하기 때문에 커피를 원하는 농부에게는 치명적이다. 이 병을 일으키는 곰팡이인 헤밀레이아*Hemileia vastatrix*는 이미 전적이 있다. 물론 이 사건도 영국의 식민 지배와 관련이 깊다. 1869년 영국의 식민 커피 잎에 녹병 rust disease에 의한 오렌지색 포자가 달린 균사가 뚜렷하게 퍼져 있다. 정말 이파리에 녹이라도 슨 듯하다. 병에 걸린 잎은 광합성을 제대로 할 수 없고, 결과적으로 식물도 성장을 못하게 된다.

지였던 실론(지금의 스리랑카)에는 영국 사람들을 위한 커피 농장이 많았다. 그런데 이곳에 커피녹병이 창궐했고, 커피 재배지의 90퍼센트가 넘는 땅을 불태워야 했다. 영국 총독부는 그 자리에 차나무를 심게 했다. 다행히 차나무는 열매가 아닌 잎을 수확하기 때문에 곰팡이병을 피할 수 있었다. 스리랑카 고원에서는 좋은 품질의 찻잎을 수확할 수 있었고, 그곳은 지금 우리가 실론티라고 부르는 고급 차의 산지가 되었다. 커피녹병이 전화위복의 기회가 되었다고 볼 수도 있지만, 만약 커피녹병이 지금처럼 계속된다면 전 세계 커피 생산량이 감소하고, 언젠가는 영영 커피를 마시지 못할 날이 올지도 모른다.

마찬가지로 곰팡이 때문에 바나나가 멸종할지도 모른다는 충격적인 연구 결과도 뉴스 곳곳에 등장한다. 이미 1950년대에도 푸사리움*Fusarium oxysporum*이라는 곰팡이가 일으키는 파나마병 때문에 바나나가 멸종할 뻔한 적이 있었다. 푸사리움은 토양 곰팡이 중 하나다. 토양 곰팡이는 생애 대부분을 땅 속에서 포자로 지내다 식물의 뿌리와 교감을 하면 뿌리를 향해 자라기 시작한다. 푸사리움도 포자에서 균사를 뻗어 바나나의 뿌리로 침투하는 것은 균근과 비슷하다. 균근과 다른 점이 있다면, 푸사리움은 뿌리에 머물지 않고 물관으로 들어가 식물 전체로 퍼진다는 점이다. 푸사리움이 양분과 물의 통로인 물관에서 자라면 심각한 문제가 발생한다. 푸사리움의 균사가 실뭉치처럼 뭉쳐 바나나의 관다발 조직을 막아 잎으로 가는 수분 공급이 차단돼 바나나는 말라 죽게 된다.

당시 대부분의 농장에서 키우던 바나나는 그로미셸이라는 품종이었는데, 이 종류가 특히 파나마병에 취약했다. 어쩔 수 없이 바나나 농장을 전부 갈아엎다시피 하고, 파나마병에 저항성이 있는 새로운 품종을 개발해야 했다. 지금 우리가 먹는 바나나는 그때 개발된 캐번디시라는 품종이다. 캐번디시는 푸사리움에 강해서 아직까지 별 문제 없이 바나나를 키우고 있다. 그런데 곰팡이도 진화를 거듭해서 최근에 캐번디시를 공격하는 변종 푸사리움 곰팡이가 아시아에 등장했다. 말레이시아의 일부 농장에서 파나마병과 비슷한 바나나마름병이 번지기 시작한 것이다. 만약 이 곰팡이가 세계로 퍼진다면 어떤 일이 일어날까? 바나나 산업에 의존하고 있는 제3 세계의 노동자들과 바나나로 부족한 양식을 보충하는 가난한 사람들의 삶이 위협받게 될 것이고, 최악의 경우에는 전 세계의 바나나가 멸종할 수도 있을 것이다.

한 가지 반가운 소식은 최근 야생 바나나의 유전체를 연구한 결과 곰팡이병에 내성이 생기게 하는 유전자를 발견했다는 보고가 있었다. 이 유전자를 캐번디시 종에 삽입해 새로운 품종을 개발한다면 바나나마름병에 내성을 갖는 바나나를 키울 수 있을 것이다. 하지만 이런 노력은 여전히 인간이 중심인 세상에서 맛있는 바나나를 잃지 않기 위에 상처에 반창고를 붙이는 일에 불과하다. 곰팡이는 끊임없이 진화하고 있고, 새로운 바나나 품종을 공격하는 돌연변이 곰팡이도 다시 등장할 것이다. 한 가지 품종만 골라 키우는 기존의 농작 방식을 바꾸지 않는다면 앞으로도 우리 앞에 이런 문제는 계속 닥칠 것이다.

다양성의 힘

이런 일은 왜 반복되는 것일까? 우리나라도 통일벼를 키우면서 쌀 수확량은 크게 늘렸지만, 병충해에 약해서 작물 생산을 중단해야 했던 뼈아픈 경험이 있고, 구제역이나 조류독감 같은 감염병을 겪으면서 가축을 살처분을 했던 가슴 아픈 기억이 있다. 이제는 이름도 생소한 '보릿고개'를 넘어야 했던 1970년대 이전에는 쌀을 주식으로 하는 우리나라에서 벼농사의 기준은 맛보다 생산량이었다. 벼의 품종을 연구하는 연구원들의 목표도 당연히 단위면적당 많은 양의 쌀을 생산할 수 있는 품종을 개발하는 것이었다. 치열한 연구를 통해 1970년대에 개발된 신품종 덕분에 우리나라에서는 기존 품종보다 경작 면적당 훨씬 많은 양의 쌀을 생산할 수 있게 되었다. 그렇게 탄생한 품종이 이름도 아름다운 '통일벼'다. 당시 정부에서는 쌀 수확량 증가를 목표로 통일벼를 대대적으로 보급하였다. 사실 당시는 독재 정권 시절이라 말이 보급이지 사실상 반강제로 농민들에게 떠안긴 것이었다. 그 결과 단기간에 쌀 생산량은 급격히 늘어났고, 쌀 생산 증대와 보릿고개 탈출이라는 목표를 달성하는 듯 보였다.

하지만 그것도 잠시, 통일벼는 도열병稻熱病, rice blast이라는 복병을 만나게 되었다. 도열병은 마그나포르테*Magnaporthe grisea*라는 곰팡이가 일으키는 병으로, 이 곰팡이에 감염되면 줄기와 잎이 빨갛게 변하면서 벼가 죽는다. 물론 통일벼가 보급되기 전에도 도열병은 있었다. 도열병 곰팡이는 그동안 대부분의 농가에서 재배하던 토종 벼나 일본 품종 벼를 괴롭혔지만, 새로 개발된 통일벼는 도열병균에 저항성이 있었다. 그런데 전국의 거의 모든 논에서 똑같은 통일벼 계통의 벼가 재배되면서 통일벼에도 도열병을 일으키는 돌연변이 곰팡이가 등장한 것이다. 그 결과 도열병이 대대적으로 발생했고, 결과는 참혹했다. 당시 통일벼를 단일 품종으로 재배하던 전국의 농가는 일 년 벼농사를 곰팡이에게 고스란히 제물로 바쳐야 했다. 다양성이 무너지면 농사 전체가 망할 수 있다는 당연한 사실을 배운다고 우리는 너무나도 값비싼 수업료를 치러야 했다. 그 후로 우리나라에서는 지역별로 수십 가지의 다른 벼 품종을 나누어 심도록 하는 정책을 시행하고 있다. 숙주가 사라진다고 해서 곰팡이가 사라지는 것은 아니다. 곰팡이는 다른 숙주를 찾도록 진화한다. 도열병은 지금도 여전히 세계의 벼농사를 위협하는 무서운 병이다.

미생물의 입장에서 식물과 동물은 그들이 자리 잡고 사는 생활터전이다. 우리가 집을 고를 때 단독 주택, 아파트, 오피스텔처럼 집을 좋아하는 취향이 다르듯이, 미생물도 좋아하는 유전형질이 있다. 예를 들어 같은 바나나라도 품종에 따라, 혹은 사는 지역에 따라 다른 유전형질을 발현하고, 이에 따라 미생물도 다르게 반응한다. 어떤 바나나는 미생물이 더 쉽게 자리를 잡아 병을 일으키는 반면, 또 다른 종류는 미생물이 서식하기에 불편한 유전형질을 갖고 있다. 인간의 손길이 닿지 않은 자연 상태라면 다양한 유전형질을 지닌 생물군은 미생물의 침입을 받더라도, 특정 미생물에 내성을 갖는 종이 살아남아 다양한 개체군을 유지한다. 하지만 인류가 채집 생활에서 벗어나 농경 생활을 하면서 같은 식물과 동물이라도 결실이 좋은 품종을 선택하고 교배를 시키면서, 인간의 선택이 다양성을 희생하며 생태계에 간섭하기 시작했다. 그 결과 작물은 더 많은 과실을 맺고, 가축은 더 빨리, 더 크게 자랐지만, 그 대신 이들 선택된 동·식물은 유전적 다양성을 잃게 되었다. 이렇게 유전적으로 유사한 유전형질을 가진 생물군에 미생물이 침입한다면, 바로 전체 생물군이 멸종할 수 있다.

〈인터스텔라〉의 교훈

영화 〈인터스텔라〉는 황량한 옥수수 밭에서 시작된다. 인간이 초래한 환경 오염이 지구를 병들게 했고, 얼마 후면 먹을 식량도 마실 물도 없다. 재배가 가능한 식물이 하나씩 사라지고, 하루가 멀다 하고 불어오는 모래 폭풍으로 사방은 흙먼지투성이다. 모래 바람에는 곰팡이 포자도 무수히 섞여 있을 테니, 작물이 병충해로 죽어 가는 이유도 곰팡이의 습격 때문은 아니었을까? 밀밭을 초토화시키는 줄기녹병균을 잡는 방법은 밀밭을 태우는 것이다. 여기저기 사람들이 불을 지른다. 얼마 후면 그나마 키우던 옥수수마저 곰팡이 때문에 모두 잃을지 모른다. 수시로 불어오는 모래 바람에는 무수히 많은 곰팡이 포자가 섞여 있을 것이다. 사람들이 심각한 호흡기 질환으로 고생하는 이유도 곰팡이 포자 때문인지 모른다. 지구는 더 이상 사람이 살 수 있는 곳이 아니다. 이제 인간은 불모지가 된 지구를 떠나려고 한다.

상상 속의 섬뜩한 이야기지만, 실제로 일어날 수도 있는 이야기이기도 하다. 우리가 어찌해 볼 방법은 없을까? 더 많이 더 빨리 생산하고 소비하기보다는 자연의 다양성을 존중하면서 작물을 생산하고 가축을 키우는 지혜로운 길을 찾아야 하지 않을까? 그래서인지 영화를 보고 나면, 자연을 경제적 가치로만 보지 말고, 생물 자체와 생태계를 존중하며 더불어 사는 삶을 모색해야 할 때라는 자각과 자성이 더욱 와 닿는다. 그런데 우리가 가진 모든 노력을 기울여 회복할 수 있는 시간이 우리에게 남아 있기는 한 걸까?

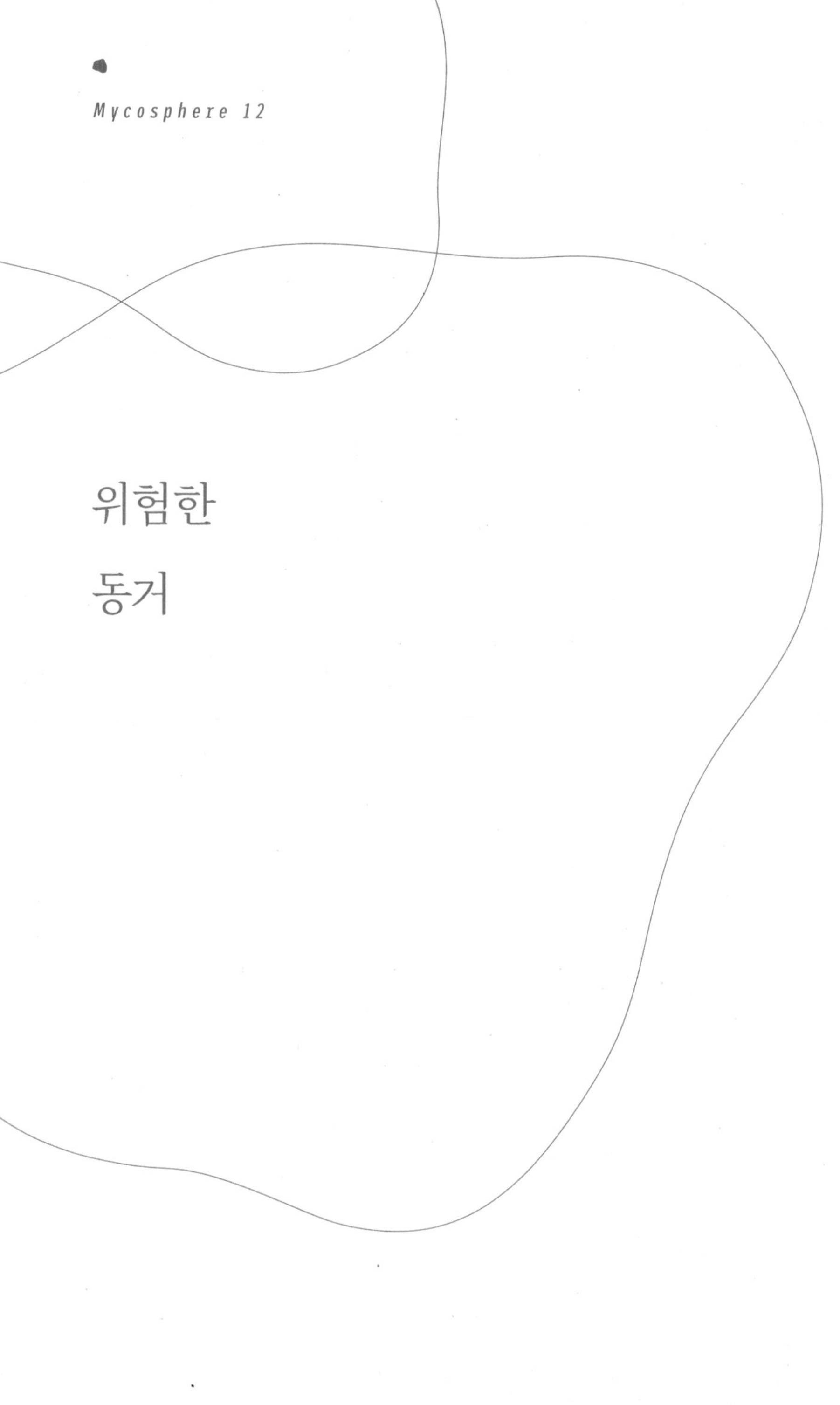

Mycosphere 12

위험한 동거

바닷가의 작은 마을

캘리포니아 해안을 따라 남북을 잇는 1번 도로는 태평양 해안에 접해 있어 퍼시픽 코스트 하이웨이라고 불린다. 바닷가를 따라 달리며 만나는 풍광이 눈이 부시게 아름다운 드라이브 코스다. 누구나 한 번쯤 달려 보고 싶은 여행 코스로 세계적으로 유명하다. 1번 도로를 따라 샌프란시스코에서 내려오다 보면 몬터레이라는 작은 항구 도시를 만나게 된다. 풍경 좋은 바닷가를 달릴 수 있는 17마일의 드라이브 루트와 세계 선수권 대회가 해마다 열리는 멋진 골프 코스로 유명한 곳이다. 그곳 소나무 숲에 과학자들의 열띤 토론의 숨결이 살아 있는 애실로마 콘퍼런스 센터Asilomar Conference Grounds가 자리 잡고 있다. 19세기에나 사용되었을 법한 단단한 나무 의자가 줄지어 있는 대강당은 이곳의 오랜 역사를 담은 듯 고풍스럽고 아름답다.

1970년대 초에 유전자 재조합 기술이 탄생하자 유전자 조작의 위험성을 염려한 많은 과학자들이 1975년 바로 이곳에 모여 연구 윤리의 틀을 마련했다. 바로 유명한 애실로마 회의로, 이듬해인

1976년 미국의 국립보건원National Institute of Health, NIH이 이 회의 결과를 토대로 유전자 조작 기술의 안정성 확립에 필요한 정책과 실험 기준을 세웠다. 2017년에는 전 세계의 정보통신 분야 과학자가 모여 AI 기술의 가능성과 연구 윤리에 대한 토론을 벌였고, 그 과정에서 인류에게 유용하고 이로운 인공지능을 개발하는 23개의 준칙을 세웠다. 끝없이 진보하는 생명 과학과 정보통신 기술은 늘 우리의 상상 그 이상을 가능하게 하지만, 그 이면에는 자칫 인류를 불행에 빠뜨릴 수 있는 위험이 도사리고 있다. 애실로마 센터에는 바로 자신들이 개발한 과학 기술의 잠재적인 위험성을 인정하고 그 기술이 올바르게 사용되는지 감시하고 점검하며 해결책을 찾으려는 수많은 과학자의 정신이 살아 숨쉬고 있다. 삐걱거리는 나무 계단이 안내하는 그곳에 들어서면 역사에 큰 획을 그었던 당대의 생물학자들을 눈앞에서 마주하는 듯한 느낌이 든다.

그 많던 개구리는 다 어디로 갔을까

나는 이곳에서 2년에 한 번씩 열리는 곰팡이 유전학회Fungal Genetics Conference에 참가한다. 이 학회에서는 다양한 곰팡이 연구를 하는 전 세계의 학자들이 연구 결과를 발표하기 때문에 배울 것이 무척 많다. 하지만 매번 세계를 뒤흔드는 곰팡이 이야기를 접하게 되어 참석할 때마다 충격을 받기도 한다. 학회에서 처음으로 접한 충격적인 사건은 '라틴 아메리카 개구리의 떼죽음'이었다. 라

애실로마 콘퍼런스 센터. 학회가 열릴 때면 이곳 대강당은 목조 의자에 빼곡히 앉은 곰팡이 연구자들로 열기가 가득하다.

틴 아메리카에서는 이미 1970년대부터 양서류 숫자가 현저히 줄기 시작했다. 하지만 그 원인을 정확히 몰랐는데, 이십여 년이 지난 1997년에 비로소 죽은 개구리의 피부에서 신종 곰팡이를 분리해 냈고 이 곰팡이가 개구리 떼죽음의 원인이라는 사실을 확인했다. 그러는 동안 중앙아메리카에서는 40퍼센트가 넘는 양서류가 사라졌다.

항아리곰팡이*Batrachochytrium dendrobatidis*라는 이름의 이 곰팡이는 전 세계 54개국에서 500종 이상의 양서류에 집단 폐사를 일으키면서 양서류 생태계 전체를 위협하고 있다. 이 곰팡이는 곰팡이 중에서도 가장 먼저 생겨난 종으로 특이하게 수중 생활을 한다. 항아리곰팡이는 물에서 움직이는 포자인 유주자를 만드는데, 이 유주자는 숙주가 없이도 물에서 몇 주를 버틸 수 있고, 물이 있는 곳이라면 1년에 20킬로미터 이상을 이동할 수 있다. 그렇게 중앙아메리카의 코스타리카에서 시작해서 파나마로, 또 강을 따라 남미 이곳저곳을 휩쓸고 지나가며 개구리를 몰살시키고 있다. 파나마에서는 항아리곰팡이가 침입한 뒤 불과 2개월 만에 어느 특정 지역의 개구리 전체가 몰살당했다는 보고도 있었다.

항아리곰팡이는 피부에 붙어 표면의 케라틴을 녹여 피부 조직을 파괴한다. 양서류에 생긴 무좀이라고 생각하면 이해가 쉬울 것 같다. 우리 몸에 생기는 무좀은 피부 조직을 상하게는 해도 살아가는 데 큰 지장을 주지 않지만, 피부로 호흡하는 양서류의 피부 무좀은 이들의 생명까지 위협한다. 항아리곰팡이에 감염되어 상처가 난 양서류는 피부에서 삼투압을 조절하지 못해 호흡 곤란을 일으켜 며칠 안에 죽어버린다. 문제는 이 병을 일으키는 항아리곰팡이가 세균이나 바이러스처럼 한두 종의 숙주에 피해를 주는 것이 아니라 모든 양서류에 무차별적으로 병을 일으킨다는 것이다. 게다가 치사율도 90퍼센트나 된다. 현재로서는 항아리곰팡이를 무력화할 항진균제도 없고 별다른 치료법도 개발되어 있지 않아 일단 항아리곰팡이가 퍼져 나가지 못하게 막는 것이 최선의 방법이다. 하지만 물이 흐르는 곳이면 어디든 퍼져 나가는 유주자의 자유로운 여행을 막기는 불가능에 가까운 것이 현실이다.

항아리곰팡이의 기원

감염병이 세계를 휩쓸게 되면 당연히 이어지는 연구가 역학 조사다. 도대체 이 무서운 감염병은 어디에서 어떻게 시작된 것일까? 항아리곰팡이의 기원을 밝히고 병이 퍼진 경로를 밝힐 수 있다면 병의 원인을 찾아내 대책을 세울 수 있다. 전 세계의 곰팡이 연구자들은 세계 곳곳에서 항아리곰팡이에 감염된 양서류를 채집해 총 177종의 항아리곰팡이 유전체를 해독하고 비교하는 대대적인 공동 연구를 진행했다. 각 나라에서 발견된 항아리곰팡이의 유전체가 서로 얼마나 비슷한지 비교해 항아리곰팡이의 연관 계보를 만드는 프로젝트다.

그런데 그 결과가 조금 충격적이다. 전 세계의 개구리를 죽음의 공포로 몰아넣은 항아리곰팡이의 조상이 한반도에서 기원했고,

그 종이 세계 각지로 퍼져 나가 개구리 떼죽음의 원인이 되었다는 것이다. 한국에 남아 있는 가장 오래된 개구리 표본을 검사해 보니 1911년에 채집된 개구리에서 항아리곰팡이가 발견되었다. 이것은 이미 오래전에 한반도에는 항아리곰팡이가 있었고, 한반도의 개구리는 훨씬 오래전에 항아리곰팡이에 감염되었다는 것을 의미한다. 그런데 신기하게도 한반도에 사는 개구리가 항아리곰팡이로 인해 떼죽음을 당한 기록은 없다. 그 이유를 밝히기 위해서 한반도에 사는 개구리의 면역 시스템을 감염 피해가 큰 지역의 개구리와 비교해 보았더니, 한반도의 개구리에는 항아리곰팡이에 대한 면역 세포 수용체가 있었다. 빙하기 이후 한반도의 개구리가 항아리곰팡이에 지속적으로 노출되면서 이때 획득한 면역 능력에 의해 한반도의 개구리는 곰팡이 감염에도 끄떡없었던 것이었다. 한반도의 개구리가 어떻게 항아리곰팡이에 저항성을 가지게 되었는지 밝혀낸다면, 세계의 수많은 개구리를 구할 방법을 찾을 수도 있을 것이다.

연구자들이 밝혀야 할 또 하나의 중요한 문제가 있다. 세계의 개구리를 초토화시키고 있는 항아리곰팡이는 어떻게 세계로 퍼져 나간 것일까? 항아리곰팡이에 대한 역학 연구 초기에는 아프리카 초원에 살던 아프리카발톱개구리가 지탄의 대상이었다. 아프리카에서 실험용 개구리를 수출하면서 항아리곰팡이도 같이 확산되었다고 생각했기 때문이었다. 최근에 세계적으로 문제가 되는 떼죽음의 일차적인 원인이 그쪽에 있었으니 일면 타당한 추측이다. 하지만 아프리카의 항아리곰팡이도 뿌리는 한반도의 항아리곰팡이에 있으니, 오래전 한반도의 항아리곰팡이가 세계로 퍼졌다고 보는 것이 과학적으로 타당할 것이다. 아마도 1900년대 초 세계 교역이 규제 없이 가능했던 시기에 개구리에 묻은 항아리곰팡이가 다른 대륙으로 이동했을 가능성이 높다. 그 이전에도 개구리는 애완용이나 식용으로 세계 이곳저곳으로 교역되어 나갔을 것이고, 규제가 없던 1950년대에는 해외 무역이나 군수물자 수송 과정에서 마음만 먹으면 개구리 몇 마리쯤 주머니에 넣어 갖고 나가는 건 일도 아니었을 것이다.

세계 여행과 교역이 자유로워지면서 의도적이든 우연이든 지구 반대편으로 가장 많은 생물체를 이동시키는 수단은 인간이 되었다. 코로나바이러스감염증-19(이하 '코로나19')를 겪으면서 인간의 자유로운 여행이 세계 곳곳으로 바이러스를 이동시킨 것을 똑똑히 목격한 것처럼 말이다. 바이러스뿐 아니라 세균과 곰팡이, 해양 생물까지 모든 식물과 동물이 인간의 이동을 따라 함께 자리를 옮기며 생태계를 위협한다. 멀리 갈 것도 없이 식용으로 들여 온 황소개구리나 배스가 우리나라 하천의 민물 생태계를 교란하고 있는 것처럼 말이다. 통제할 수 없는 이동과 교역으로 지구 생태계가 지리적 다양성을 잃어가는 것을 보면, 인류가 별 생각 없이 벌인 행동으로 벌어진 사건의 결과가 너무 참혹하다는 생각을 떨칠 수 없다.

당신이 잠든 사이에

코로나바이러스로 전 세계가 공포에 떨게 되면서 동물에서 기원한 감염병에 대한 관심도 점점 커지고 있다. 특히나 코로나19 바이러스가 원래 박쥐에 살던 바이러스였다가 사람에게 옮겨 왔을 수 있다는 발표 때문인지 박쥐는 세기의 비호감 동물이 되었다. 하지만 박쥐는 생태계의 최상위 포식자로 우리에게 많은 도움을 주는 고마운 동물이다. 특히 곤충을 잡아먹는 박쥐는 생태계에서 곤충의 개체수를 조절하는 중요한 역할을 한다. 박쥐는 농작물을 갉아먹는 해충을 주로 잡아먹는다. 만약 박쥐의 개체수가 감소하면, 해충이 늘어나 농작물 생산에 큰 피해를 줄 것이 자명하다. 한 연구 결과에 의하면 미국 농부들이 박쥐에게 얻은 혜택을 환산하면 연간 약 4조 원에 이른다고 한다. 박쥐는 모기 같은 해충도 잡아먹기 때문에, 박쥐가 없다면 모기가 옮기는 감염병의 발생 빈도도 엄청나게 늘어날 것이다. 그런가 하면 열대 지역에는 과일을 좋아하는 박쥐도 있다. 이들은 열대 식물의 수분을 돕고, 식물의 씨앗을 이리저리 퍼뜨리는 일을 한다. 박쥐의 수난이 박쥐만의 문제가 아닌 이유가 여기에 있다. 영국의 일간지 《데일리 텔레그래프》에서 박쥐를 곰팡이와 더불어 지구에서 사라져서는 안 될 생물이라고 꼭 집어 발표했을 정도로, 박쥐는 생태계에 꼭 필요한 존재다. 사자가 사라진 정글에 원숭이가 득세하듯이, 박쥐가 사라진 자연에 해충이 창궐하게 되면, 우리의 삶은 또 얼마나 피폐해질까? 그래서 박쥐의 위기는 인류의 위기이자 지구의 위기이기도 하다.

안타깝게도 약 1만 7000종의 박쥐가 멸종 위기에 놓여 있다. 그 원인 중 하나가 곰팡이의 습격 때문이다. 2006년 2월 미국 동부 올버니의 한 동굴에서 박쥐 수천 마리가 떼죽음을 당했다. 이상하게도 죽은 박쥐는 모두 밀가루가 묻은 것처럼 코가 하얗게 변해 있었다. 이 감염병은 급속하게 이웃 동네로 퍼져 나갔고, 어느 동굴에서든 코가 하얗게 된 박쥐가 보였다면 얼마 지나지 않아 그 동굴에 서식하는 박쥐의 90퍼센트 이상이 죽어 나갔다. 그 결과 처음 사건이 일어난 지 불과 3년 만에 미국 동부 9개 주의 박쥐가 떼죽음을 당했다. 사람들은 이 증상을 흰코증후군White Nose Syndrome이라고 불렀다. 이 사건이 최초 목격되고 난 후 지난 십여 년 동안

박쥐의 코끝이 하얗게 변해 있다.

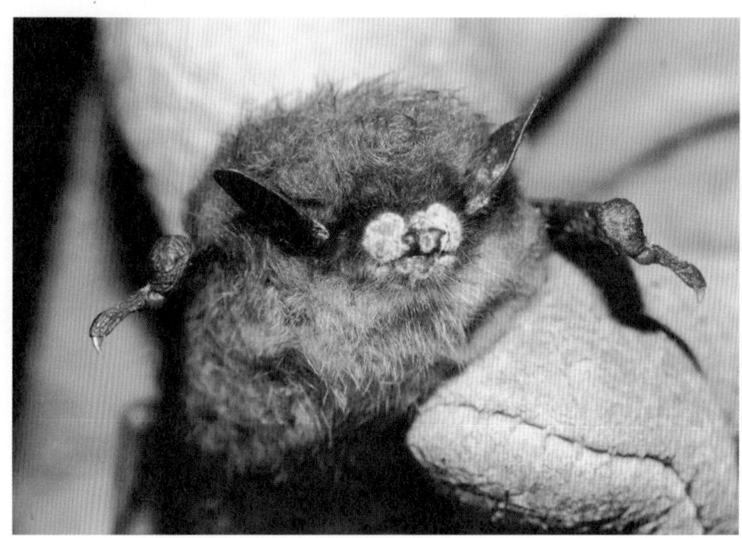

흰코증후군은 미국 삼십여 개 주로 확산되었고, 미국과 캐나다에 살고 있는 박쥐 700만 마리 이상이 몰살당했다. 이런 추세라면 15년 뒤 미국에서 작은갈색박쥐가 사라질 확률이 99퍼센트라고 한다. 이 모든 일은 한겨울 박쥐가 잠든 사이에 일어났다. 코에 묻은 하얀 가루는 샘플을 채취해서 검사해 보니 슈도김노아스쿠스 *Pseudogymnoascus destructans*라는 흰곰팡이의 균사와 포자였다. 도대체 흰곰팡이에 감염된 박쥐는 왜 죽는 걸까?

추울수록 힘이 나는 곰팡이

추운 겨울이 오면 박쥐는 동굴에서 겨울잠을 잔다. 동굴의 온도는 지역에 따라 조금씩 다르기는 하지만 보통 섭씨 10~15도 정도다. 동면하는 모든 동물이 다 그렇지만, 박쥐는 에너지를 비축하기 위해 체온을 동굴 온도와 비슷한 수준으로 낮추고 긴 겨울 동안 꼼짝 않고 깊은 잠에 빠진다. 모든 대사 작용을 최대한 멈추는 것이다. 그래서 5~6개월을 먹지 않고도 가을에 축적한 체지방만으로 버틸 수 있다. 흰곰팡이는 추운 온도에서 잘 자라는 호냉성 미생물psychrophile이다. 이 곰팡이를 0~20도 사이의 온도에서 키우면 평균 10~15도 사이에서 가장 빠르게 성장하고 20도가 넘어가면 성장을 멈춘다. 따라서 우리가 보통 지내기에 쾌적한 온도라고 생각하는 25도 정도의 기온은 흰곰팡이에게 치명적인 환경인 반면, 10~15도의 축축한 동굴은 최고의 서식지가 된다. 그래서 체온이

39도인 박쥐가 활발하게 활동하는 동안은 흰곰팡이에 감염되더라도 몸에서 곰팡이가 자랄 수 없기 때문에 박쥐가 흰 곰팡이에 감염되었는지 알 수가 없다. 흰코증후군에 걸려 죽은 박쥐들은 동면에 빠지기 전에 이미 몸에 이 곰팡이 포자를 달고 다녔거나, 박쥐가 잠 든 사이에 동굴 바닥이나 벽면에 붙어 있던 포자가 날아와 박쥐의 몸에 붙었을 것이다. 그렇게 흰곰팡이 포자는 박쥐의 날개나 피부에 가만히 붙어 있다가 날씨가 추워지고 박쥐가 동면을 시작하면서 체온이 떨어지면 활발하게 자라 피부에 포슬포슬한 곰팡이 덩어리를 만드는 것이다.

그렇다면 흰곰팡이가 피부에 자라는 것과 박쥐가 죽는 것은 어떤 관계가 있는 것일까? 일반적으로 병원균은 숙주를 감염시키면 체내로 파고들어 전신에 퍼져나가 체내 조직을 파괴해서 숙주를 죽게 한다. 하지만 흰코증후군을 일으키는 곰팡이는 박쥐의 몸속에 침투하거나 조직을 파괴하지 않았다. 만약 이 곰팡이가 박쥐의 조직에 감염해서 병을 일으키는 게 아니라면 이 곰팡이는 어떻게 수많은 박쥐를 죽음으로 몰고 갔을까? 아마도 이 곰팡이가 피부에 자라면서 잠자는 박쥐를 자극해서 깨우기 때문인 것 같다. 우리도 자다가 모기에게 물리면 가려움에 긁적이면서 잠에서 어렴풋이 깨어나듯이, 박쥐들이 곰팡이 때문에 동면에서 스스로 깨어나는 것으로 보인다. 박쥐가 움직이기 시작하면 바로 체온이 올라가고 그 결과 긴 겨울을 버티려고 축적해 두었던 체지방을 모두 소모하게 된다. 심지어는 잠에서 깨어난 박쥐가 배고픔을 못 이겨 먹이를 찾아 동굴 밖으로 나가기도 한다. 하지만 밖은 아직 추운 겨울이고, 박쥐는 먹이를 찾아 헤매다가 탈진해서 죽게 된다. 만약 흰곰팡이에 감염되었더라도 봄까지 잠에서 깨어나지 않는다면 그 박쥐는 죽지 않는다. 박쥐의 체온이 올라가면서 곰팡이의 생장이 저해되고 스스로 흰코증후군에서 회복되는 것이다. 잠자는 숲 속의 공주는 깨어나야 하지만, 잠자는 숲 속의 박쥐는 겨울 동안 절대로 깨어나면 안 된다. 잠꾸러기 박쥐라야 오래 살 수 있다.

안타깝게도 흰코증후군에 걸린 박쥐를 치료하는 방법은 아직 없다. 곰팡이에 감염된 박쥐를 찾아내고 이 박쥐가 다른 박쥐를 감염시키지 못하게 하는 것 말고는 효과적인 예방법도 없다. 한 가지 희망적인 사실은 흰곰팡이가 자외선에 매우 약하다는 점이다. 흰곰팡이는 진화 과정에서 자외선에 의한 DNA 돌연변이를 고치는 단백질에 변이가 일어났기 때문에 자외선에 매우 약하다. 하지만 박쥐들이 잠자는 동굴은 자외선커녕 햇빛마저도 차단된 곳이기 때문에 동굴에 자외선 램프를 달지 않는 한, 자외선을 활용해서 곰팡이를 무력화하는 방법은 실효성이 없어 보인다. 또 어떤 연구에서는 흰곰팡이에 감염된 박쥐에게 항진균제를 발라 주었더니 증상이 많이 호전되었다고 한다. 그렇다고 동굴에 들어가서 일일이 박쥐 코에 무좀 연고를 바를 수도 없는 일이다. 그런데 흰곰팡이와 접촉해도 별 문제가 없는 다른 생물처럼, 어떤 박쥐는 흰곰팡이에 걸려도 죽지 않는다는 사실이 보고되었다. 미 대륙에 서식하는 긴귀박쥐, 작은갈색박쥐, 삼색박쥐 등은 흰곰팡이 감염에 매우 취약한데, 그에 반해 버지니아큰귀박쥐는 흰코증후군에 심하게 시달리지 않는다고 한다. 박쥐들의 유전적 다양성 덕분에 이 박쥐들은 흰곰팡이에 저항하는 면역력을 이미 획득했거나, 아니면 흰곰팡이에 감염되어도 겨울잠에서 깨어나지 않는 어떤 특별한 방법을 찾은 것일까?

지구에 생명이 처음 탄생한 이래로 수많은 생물이 발생하고 멸종하기를 반복해 왔다. 젊은 지구에 생겨났던 많은 미생물이 그랬을 것이고, 곤충이나 작은 동물, 식물, 그리고 어마어마한 크기의 공룡까지, 화석으로 남아 복원할 수 있는 종들은 아주 옛날에 이런 생물이 살았다는 기록이라도 남을 테니, 그나마 운이 좋은 편이다. 인간의 손길이 닿기 전에 지구에서 멸종한 생물은 자연선택과 적자생존의 원리에 따라 밀려난 종들이다. 그런데 요즘 지구에서 멸종하는 생물은 상황이 좀 다르다. 최근 들어 이들 생물을 멸종 위기로 몰아넣는 가장 무서운 적은 바로 인간이다. 지금 이 시간에도 자연에서는 우리가 미처 이름도 불러보지 못한 많은 생물이 인간이 바꿔 놓은 환경의 영향으로 멸종했거나 멸종 위기에 놓여 있다. 만약에 우리가 개구리와 박쥐를 곰팡이로부터 보호할 적절한 대처 방법을 찾지 못한다면, 안타깝게도 조만간 개구리와 박쥐는 역사 속으로 사라질지도 모른다. 만약 그들이 사라진다면 지구의 운명은, 또 인간의 운명은 어떻게 될까?

Mycosphere 13

나의 위기는
곧
누군가의 기회

보이지 않아도 늘 그곳에 있었다

2020년에 시작된 코로나19 팬데믹pandemic은 우리가 잊고 지내던 미생물이 얼마나 엄청난 영향을 미칠 수 있는지 새삼 깨닫게 한 역사적인 사건이다. 사실 인류의 역사를 돌아보면, 바이러스와 세균은 언제나 수많은 사람의 목숨을 순식간에 앗아간 무서운 존재였다. 유럽을 휩쓸고 간 흑사병, 라틴 아메리카 문명을 절멸시킨 홍역, 전 세계를 공포에 떨게 한 스페인 독감, 그리고 최근의 에이즈와 에볼라까지. 이름만 나열해도 세계 곳곳에서 이들 감염병이 인류를 위협하고 있다는 사실을 바로 알 수 있다. 하지만 전쟁이나 태풍과 달리 바이러스는 우리 곁에 있어도 있는지 없는지 도무지 알 수가 없다.

다른 미생물처럼 곰팡이도 우리가 생활하는 공간 곳곳에 존재한다. 지구상의 곰팡이가 1년에 만드는 포자는 대략 5000만 톤이다. 지구상에서 가장 크다고 알려진 대왕고래 50만 마리의 무게와 맞먹는다. 그중 대부분은 포자의 형태로 존재하는데, 공기 중에 떠 있거나 흙 속에 묻혀 있다가 바람에 날려 여기저기로 퍼진다. 식탁 위에 무심코 놓아둔 식빵에서 포슬포슬하게 피어 오른 곰팡이는 수백만 개의 포자를 공기 중으로 날리고, 우리는 그런 포자 수천 개를 매일 들이마신다. 시골 농장의 비닐하우스에서 일하는 농부나 먼지가 많은 사막에서 일하는 건축 노동자라면, 하루에 들이마시는 포자의 수는 몇 배에서 몇십 배나 더 많을 것이다.

그럼에도 지구상에 존재하는 수백만 종의 곰팡이는 코로나바이러스를 비롯한 다른 많은 바이러스나 세균과 달리 인간의 생명을 심각하게 위협한 적이 없다. 우리가 들이마신 곰팡이 포자가 허파에서 자라났다거나, 버섯을 날로 먹다가 버섯 포자가 입 안에서 자랐다는 이야기는 듣지 못했다. 게다가 칸디다 알비칸스를 비롯한 다양한 곰팡이는 아예 우리 몸 구석구석에 얌전히 자리 잡고 앉아 다른 미생물과 더불어 씩씩하게 잘들 살고 있다. 역시 그들이 일으키는 문제로 우리가 힘들어 했던 적도 별로 없다. 그 이유는 우리가 곰팡이를 비롯한 미생물과 함께 진화하며 터득한 면역 체계 덕분이다. 우리 몸의 면역 체계는 이들을 잘 다스리고 어루만지며 달래고 있다. 우리의 단단한 피부와 피부에서 분비되는 점액, 눈물, 침은 포자를 걸러서 없애고, 간혹 포자가 몸 안에 남아 발아한다고 해도 우리 몸의 면역 세포가 곧 바로 잡아먹거나 항생 단백질이 달라붙어 발아한 세포를 무력화한다. 우리 몸의 면역 체계가 과잉 반응을 해서 이들을 공격하는 경우도 그리 많지 않다. 아기 때부터 시작해 자라는 동안 면역 체계가 끊임없이 그들과 소통하며 균형을 잡고 있기 때문이다. 오랜 공생 관계를 통해 우리는 수많은 미생물과 더불어 살도록 진화했다.

사실 곰팡이는 우리 몸에서 자라기에 최적화된 미생물은 아니다. 곰팡이는 진화 과정에서 숲과 토양에 적응한 생물이라 자연 환경보다 훨씬 높은 체온을 유지하는 우리 몸은 곰팡이에게 달갑지 않은 환경일 뿐 아니라 곰팡이의 대사 과정을 방해하기까지 한다. 그래서 식물에 치명적인 병을 일으키는 곰팡이라 할지라도 37도의 체온과 강력한 면역 체계를 가진 우리 몸에서는 큰 힘을 쓰지 못한다. 설사 곰팡이가 우리 체온에 적응한다 하더라도, 곰팡이가 병을 일으키려면 우리의 피부와 방어막을 뚫고 몸 안으로 침투할 수 있어야 하고, 우리의 조직을 분해하고 흡수할 수 있어야 한다. 물론 이 조건을 모두 충족하고 인간에게 병을 일으키는 곰팡이가 있다. 그리고 그 중 일부는 꽤 심각한 증상을 초래하기도 한다.

캘리포니아와 미시시피강 유역, 그리고 미국 북동부 일부 지역에 국한되기는 하지만, 미국에도 병을 일으키는 곰팡이가 몇 종 있다. 캘리포니아의 곡창지대인 산호아퀸 밸리San Joaquin Valley*에서도 곰팡이병이 종종 발생한다. 산호아퀸 밸리는 일교차가 커서 엄청나게 강한 모래바람이 자주 불기로 유명하다. 바람이 불 때면 바싹 마른 풀과 수확하고 남은 작물의 건초 더미가 흙먼지에 휩싸여 이리저리 굴러다니는데, 그럴 때마다 열이 나고 호흡이 가빠지면서 두통을 호소하는 환자가 발생한다. 감기나 독감과 비슷한 증상

* 캘리포니아에는 스페인어에서 유래한 지명이 많다. San Joaquin, San Jose, La Jolla 같은 지명은 산호아퀸(샌와킨), 산호세(새너제이), 라호야(라호이야)로 읽는다. 가끔 이곳을 처음 찾은 관광객이 산조아킨, 산조세, 라졸라로 읽을 때면 고쳐주고 싶은 충동이 들기도 한다.

을 보이지만, 신기하게도 이 병은 다른 사람에게 전염이 되지 않는다. 시간이 지나면 대부분 저절로 낫지만, 어떨 때는 심각하게 앓다가 후유증으로 고생하거나 심지어는 죽는 경우도 있다. 이 병이 바로 콕시디오이데스*Coccidioides*라는 곰팡이가 일으키는 계곡열valley fever이다.

계곡열을 일으키는 곰팡이는 흙에 산다. 밸리의 모래바람이 사방에 흙먼지를 일으키면, 이때 토양에서 자고 있던 포자가 바람을 타고 공기 중을 날아다니다가 호흡할 때 폐로 들어오는 것이다. 이미 1930년대부터 계곡열은 이 근방에서는 자주 나타나는 병이었다. 캘리포니아와 인접해 있는 애리조나에서도 집과 공장을 짓기 위해 땅을 갈아엎을 때면 건설 노동자들이 계곡열에 걸려 큰 피해를 입곤 했다. 해마다 이 지역에서만 3만 명의 환자가 발생하지만, 큰 뉴스거리가 되지도 않는다. 제약회사들도 수요가 작아 수지타산이 맞지 않는 이런 항진균제를 개발하는 데는 별다른 노력을 하지 않는다. 방역 당국은 일부 지역에 국한된 곰팡이 감염인데다가, 곰팡이에 감염되어도 10퍼센트 미만의 사람에게만 증상이 나타나기 때문에 큰 위협이 되지 않는다고 생각하는 것 같다.

우리 몸에는 이렇게 인간의 체온에 적응한 몇몇 곰팡이가 몸 구석구석에 자리 잡고 다른 미생물과 더불어 살아가고 있다. 우리 몸에 자리 잡은 미생물 군락인 마이크로바이옴에도 다양한 곰팡이가 살고 있다. 어떤 곰팡이는 가끔씩 발바닥의 무좀이나 머리에서 하얗게 떨어지는 비듬, 군데군데 버짐처럼 일어나는 피부병, 아기의 기저귀 발진이나 여성을 괴롭히는 질염 같은 사소한 질환을 일으켜 “나 네 안에 살고 있다”는 존재감을 드러낸다. 물론 대부분의 경우 이런 곰팡이가 우리의 목숨을 위협하는 상황까지는 가지 않는다. 하지만 어떤 이유로든 우리 몸의 면역 체계에 이상이 생긴다면 곰팡이는 언제라도 떨쳐 일어나 우리의 생명까지 노릴 수 있다.

조용한 이웃의 일탈

1990년대 후반 나는 한국에서 효모 유전학을 연구하는 박사 과정 학생이었다. 그때만 해도 우리나라에는 병원성 곰팡이 연구를 하는 사람이 많지 않았다. 미국에서 박사후연구원을 하기로 결정하고 나서는, 인간에게 병을 일으키는 미생물을 연구해 보고 싶다는 생각으로 병원성 곰팡이 연구실의 문을 두드렸다. 그때 만난 친구가 바로 ‘칸디다 알비칸스’라는 곰팡이다. 라틴어로 하얀 곰팡이를 뜻하는 이름처럼, 이 곰팡이는 크림색으로 자란다. 온혈동물의 피부와 점막에 살며 동물과 공생하는 이 곰팡이는 보통은 인간의 입안이나 위장계, 생식기 언저리에서 다른 미생물과 별 탈 없이 지내지만, 가끔 아이들과 여성들을 귀찮게 한다.

하필이면 이 녀석이 연구원 삼년 차에 태어난 첫 아이의 불청객이 되었다. 가난하고 바쁜 엄마가 줄 수 있는 건 모유 밖에 없다는 생각에 나는 정말 열심히 모유 수유를 했다. 어느 날 모유 수유를 마치고 아이의 잇몸을 거즈로 닦아 주는데, 잇몸 언저리에 하얀 점 같은 게 보였다. 설마 벌써 젖니가 나오는 걸까 싶어 찬찬히 살펴

봤지만 도무지 알 길이 없었다. 불안한 마음에 소아과를 방문해 의사에게 들은 청천벽력 같은 소식은 아이가 구강 칸디다증에 걸렸다는 것이었다. 아직 면역력이 약한 아이 입안에 엄마에게 받은 칸디다가 마구 자랐던 것이다. 게다가 이 녀석은 기저귀 발진으로 아이의 엉덩이를 짓무르게 하고, 엄마에게도 지독한 유선염을 선물로 안겼다. 모자란 엄마가 실험실에서 키우던 칸디다를 집에 데리고 와 소중한 첫 아이가 괴롭힘을 당하는 것 같아 죄책감이 들었다. 물론 60~70퍼센트 이상의 사람들이 칸디다를 상주균으로 데리고 살고 있으니, 아이에게 들어간 칸디다가 실험실에서 탈출한 녀석이 아닐 수도 있지만, 정작 칸디다를 연구하던 엄마는 칸디다증에 걸린 아이를 위해 할 수 있는 일이 하나도 없어 무척이나 속이 상했다. 다행히도 생후 6개월을 지나면서 칸디다는 언제 그랬냐는 듯 말끔하게 사라졌다. 아이의 면역력이 높아지면서 아이는 칸디다를 스스로 이겨 냈고, 칸디다는 아이의 몸 어디엔가 보이지 않는 조용한 이웃으로 자리 잡은 것이다. 하지만 언제라도 아이의 면역 시스템에 문제가 생긴다면 칸디다는 분명히 다시 일탈을 시도할 것이다.

무엇을 상상하든 그 이상의 일이 현실이 되는 세상, 하지만 그런 현실 뒤에는 늘 감춰진 그늘이 있다. 1950년대까지만 해도 '곰팡이가 인간을 위협하는 생물인가'라고 묻는다면 대부분의 의사나 진균학자는 고개를 갸우뚱했을 것이다. 그런데 요즘은 상황이 많이 달라졌다. 심각한 증상을 보이는 곰팡이 감염 소식이 심심찮게 들려오기 때문이다. 아이러니하게도 이런 변화는 우리의 의학 기술이 발달하며 시작되었다.

곰팡이에서 추출된 다양한 물질이 수많은 생명을 죽음의 문턱에서 구해 냈다. 앞에서도 한 번 나왔지만 시클로스포린은 의학의 혁신을 이루어 냈다. 바로 생체 장기 이식 수술이다. 장기 이식의 가장 큰 문제는 우리 몸의 면역 세포가 이식 받은 장기를 적으로 규정하고 공격하는 거부 반응이다. 시클로스포린은 이런 면역 세포의 활동을 억제해서 다른 사람에게서 이식 받은 장기가 거부 반응 없이 자리 잡을 수 있게 도와준다. 1970년대에 곰팡이에서 추출된 이 물질은 1980년대부터 본격적으로 사용되기 시작했다.

뿐만 아니라 스테로이드와 항암제의 발견으로 면역 질환이나 암으로 고통 받던 환자들도 생명을 연장하게 되었다. 조혈모세포 이식 수술도 난치성 혈액 질환이나 유전성 대사 질환으로 고통 받던 수많은 환자의 생명을 구했다. 그 결과 1970~80년대에 비해 2000년대 들어와 평균 수명이 20년 이상이 늘었지만, 의학 기술의 발달로 생명을 연장하게 된 사람들 중 일부는 장기간의 면역 억제제 투약과 투병 생활로 심각하게 저해된 면역 체계를 갖고 살아야 했다. 바로 조용히 살던 우리의 이웃이 일탈할 수 있는 기회가 온 것이다. 특히나 칸디다는 이미 우리 몸에 살고 있으니 면역 체계가 약해진 틈을 타 환자들을 공격하는 가장 무서운 적으로 돌변했다.

곰팡이병이 무서운 이유는 일단 걸리게 되면 치료가 거의 불가능하기 때문이다. 많은 사람을 귀찮게 하는 무좀이나 비듬 같은 경우만 보더라도, 곰팡이 치료 연고를 열심히 바르고 효과가 있다는 온갖 민간 요법을 동원해도 잠시 가라앉는 듯하지만 증상이 금방 반복된다. 물론 이런 피부 질환은 조금 귀찮기는 하지만 생명을 위협하지는 않는다. 하지만 면역 체계가 약해진 환자에게 곰팡이가 혈관을 타고 내부 기관을 공격하게 되면 항진균제를 사용해도 생존율은 40퍼센트 미만이다. 건초 더미를 분해하는 아스페르길루스 곰팡이도 면역 억제 치료를 받은 환자에게 치명적이다. 사방에 날리는 포자를 흡입하는 것만으로도 폐에 진균증이 생기거나 혈액 감염으로 이어진다. 심지어 아스페르길루스 전신 감염은 항진균제 치료를 받는다 해도 80퍼센트 이상이 사망하게 된다. 곰팡이가 이들의 생명을 이처럼 심각하게 위협할 거라고 누가 상상이나 했을까? 아이러니하게도 곰팡이에서 발견한 물질로 인류를 구하는 의학 기술을 개발했지만, 그 결과 곰팡이가 인류의 건강을 위협하는 세상이 된 것이다.

유칼립투스 나무의 곰팡이 형제

곰팡이 감염을 부추긴 세계적인 사건이 또 하나 있었다. 1980년대 들어와 후천성면역결핍증AIDS이 전 세계를 위협하는 치명적인 감염병으로 떠올랐다. 에이즈는 HIV Human Immunodeficiency Virus 바이러스가 일으키는 병으로, 특이하게도 바이러스가 면역 세포인 T 세포에 침입해서 T 세포를 무력화하고, T 세포의 영향을 받는 다른 면역 체계까지 약하게 만든다. 그 결과 표피 세포에서 분비되던 항생 물질이나 항체, 대식 세포가 제대로 활동하지 못하고, 이 틈을 타 칸디다균은 표피 세포를 파괴하고 조직에 침투한다. HIV 양성인 환자가 에이즈 증상이 심해지면 가장 먼저 나타나는 증상이 입 속에 하얗게 곰팡이 패치가 자라는 구강 칸디다증이다. 요즘에는 HIV의 활동을 억제하는 항바이러스제가 개발되어 HIV 양성 환자라도 이차 감염 증상 없이 건강하게 사는 경우가 많다.

그런데 아직까지도 아프리카에는 유독 많은 사람들이 에이즈 감염으로 사망한다. 에이즈가 가장 먼저 발견된 지역이 아프리카이기 때문에 그 지역에 에이즈 환자가 많은 것은 어쩌면 당연한 일이다. 하지만 단순히 아프리카에 의약품 보급이 미진하고 의료시설이 부족해서 더 많은 사람들이 에이즈에 걸려 죽는 것은 아니다. 아프리카에는 에이즈 환자를 죽게 하는 보이지 않는 살인마가 있다. 바로 크립토코커스*Cryptococcus neoformans*라는 곰팡이다. 매년 전 세계적으로 약 22만 명이 크립토코커스 뇌수막염에 감염되고, 18만 명이 넘는 사람이 그로 인해 사망한다. 아프리카에서 치명적인 감염병으로 알려진 말라리아나 결핵으로 죽는 사람이 약 40만 명 정도인 것을 감안하면, 엄청난 수의 사람이 크립토코커스 뇌수막염으로 고통 받고 죽어가고 있다.

크립토코커스는 원래 나무에서 자라는 곰팡이인데, 특히 남아프리카와 오스트레일리아에 서식하는 유칼립투스 나무를 좋아한다. 우리가 코알라의 먹이로 알고 있는 유칼립투스 나무는 이 곰팡이가 매우 좋아하는 보금자리다. 크립토코커스는 원래 나무에 기대어 살면서 유성생식으로 포자를 생성하고, 죽은 식물을 분해하거나 식물에 병을 일으키는 곰팡이였다. 그래서 1960년대까지만 해도 크립토코커스는 기껏해야 우유나 주스를 상하게 하거나, 말라 버린 비둘기 똥에서 포자를 날리는 게 고작이었다.

그런데 1980년대 들어 중앙아프리카에서 뇌수막염으로 사망한 환자가 급격히 증가했고, 뇌수막염의 범인으로 크립토코커스가 지목되었다. 뇌수막염으로 사망한 환자들은 대부분이 에이즈 감염으로 면역 상태가 현저하게 떨어진 상태였다. 대부분의 건강한 사람은 이 곰팡이 포자가 어쩌다 몸에 들어오더라도 가볍게 이겨내지만, 에이즈 감염으로 T 세포의 기능이 약해진 사람은 허파에 자리 잡은 곰팡이 포자를 없앨 면역력이 없어, 크립토코커스가 허파의 세포에서 활개 치며 자라다가 혈관을 타고 뇌에까지 도달해 뇌수막염을 일으켰고, 결국에는 목숨을 잃게 되었다. 크립토코커스 네오포먼스의 형제 격인 크립토코커스 가티*Cryptococcus gattii*는 개솔송나무 혹은 미송Douglas fir이라고 불리는 목재용 나무를 비롯한 침엽수를 좋아해서 캐나다와 미국 북부 지역에서 면역이 약화된 환자를 괴롭힌다.

유럽과 북미 대륙에서는 에이즈 전파와 더불어 또 다른 곰팡이인 뉴모시스티스*Pneumocystis jirovecii*와 칸디다 알비칸스가 유명세를 탔다. 뉴모시스티스 이로베치는 이미 1950년대부터 면역 기능이 약화된 환자나 소아에게 폐렴을 일으키는 곰팡이로 잘 알려져 있었다. 예전에는 카리니 폐렴이라고 불렸지만, 이 병을 일으키는 곰팡이의 이름이 카리니에서 이로베치로 바뀌면서, 요즘은 뉴모시스티스 폐렴이라고 불린다. 보통 건강한 사람의 20퍼센트 정도는 폐에 이 곰팡이를 갖고 있지만, 면역 체계가 정상이라면 아무 증상 없이 몇 달이고 지낼 수 있다.

그런데 에이즈가 창궐하기 시작한 1980년대, 미국 로스앤젤레스에서 치명적인 폐렴 증상으로 병원을 찾는 사람이 눈에 띄게 늘기 시작했다. 폐렴의 원인은 뉴모시스티스였다. 공교롭게도 그 환자들 모두 HIV 양성이었다. 에이즈 감염으로 T 세포의 기능이 약해지자 폐에 잠복해 있던 뉴모시스티스가 환자의 몸에서 왕성하게 자라나 폐렴을 일으킨 것이었다. 심지어 1980년대 후반에는 미국과 유럽에서 에이즈 양성 환자의 75퍼센트가 뉴모시스티스 폐렴 증상을 보였고, 그 결과 많은 사람이 목숨을 잃었다.

또한 발병 초기 에이즈 양성 환자에게 자주 보이는 증상은 입 속에 백태가 하얗게 끼는 것이다. 이것은 보통의 백태보다 훨씬 두껍고 잇몸과 혓바닥에 단단히 붙어 있는데, 심한 염증을 유발하고 엄청난 고통을 동반한다. 입안에서 상주균으로 지내던 칸디다 알비칸스가 인체의 면역이 저하되면서 웃자라 구강 칸디다증을 일으킨 것이다. 만약 에이즈 환자 중에 구강 칸디다증이 보이면 그 환자는 이미 면역 기능이 심각한 수준으로 낮아졌다고 진단한다.

우리 몸의 면역 체계가 곰팡이로부터 우리를 지키는 데 얼마나 중요한 역할을 하는지는 간단한 동물 실험만으로도 금세 알 수 있다. 건강한 생쥐라면 백만 마리의 칸디다균을 입에 넣어도 구강 칸디다증을 일으키지 않는다. 하지만 이 생쥐에게 하루나 이틀 전에 스테로이드를 주사해서 면역 작용을 억제하고 똑같은 감염 실험을 한다면, 백 분의 일밖에 안 되는 칸디다균으로도 입 속을 하얗게 만들 수 있다.

코로나바이러스와 털곰팡이

세계보건기구WHO는 2020년 3월 11일 코로나19의 세계적 대유행, 즉 팬데믹을 선언했다. 1968년 홍콩독감과 2009년 신종 인플루엔자(신종플루), 2015년 메르스 대유행이 우리의 기억 속에 남아 있는 팬데믹이긴 하지만, 코로나 팬데믹은 역사상 가장 많은 사람이 감염되고 희생된 대사건이다. 특히 코로나 팬데믹 초기에는 중증 감염으로 급속히 사망하는 환자들이 많아 모두가 공포에 떨었다. 중증 감염의 증상은 급격한 호흡 곤란과 '사이토카인 폭풍'이라고 불리는 급성면역이상 반응이다. 면역 체계가 제대로 작동하지 않아도 문제지만 너무 과도한 면역 반응도 우리 몸의 세포를 파괴하고 생명을 위협한다.

현재는 감염병이 유행했던 예전보다 월등히 발달된 의료 체계를 갖추고 있지만, 코로나19에 맞설 뾰족한 치료제는 없었다. 병원에서 할 수 있는 최선의 치료는 산소 마스크로 호흡을 돕거나 과잉 면역 반응을 줄이는 약물을 처방하는 것뿐이었다. 그러다 덱사메타손이라는 스테로이드 약품이 코로나19에 효과적이라는 연구 결과가 나오면서 병원에서는 앞다투어 덱사메타손을 처방하기 시작했고, 세계적으로 65만 명 이상이 그 덕분에 목숨을 구했다. 하지만 곧 세계 여러 곳에서 스테로이드 과용으로 인한 부작용 소식이 함께 들려왔다.

특히 인도의 상황은 충격적이었다. 인도는 2021년 4월부터 대규모 감염이 시작됐다. 코로나19 환자 수가 급격하게 늘어났고, 5월이 되자 하루 최고 40만 명이 넘는 신규 확진자가 발생했다. 하루에도 수천 명의 환자가 코로나 감염으로 사망했다. 인도의 보건 당국과 의사들은 중증 환자에게 대량의 스테로이드를 처방했다. 중증 환자들의 증세가 호전되는 경우가 많아졌다. 다행이었다. 그런데 갑자기 일부 환자에게 갑자기 코피가 나오고 눈 부위가 붓거나 피부가 검게 변하는 증상이 나타나기 시작했다. 스테로이드 치료를 하면서 면역력이 떨어지자 주변에 널려 있던 털곰팡이 포자가 환자들 몸에서 발아해 자라난 것이었다. 인도에서만 4만 명이 넘는 코로나 환자가 털곰팡이에 감염mucormycosis되었고, 4000명 이상이 목숨을 잃었다. 이 곰팡이는 자라면서 솜뭉치 같은 균사체를 만든다. 곰팡이 균사체가 코나 허파, 귀와 눈 안쪽에 곰팡이 뭉치를 형성하면 약으로는 더 이상 치료할 수가 없다. 균사체가 표피를 파괴하고 조직에 침투하면 치사율은 50퍼센트 이상이고, 뇌와 다른 기관으로 전이되면 문제는 더욱 심각해진다. 곰팡이 뭉치를 제거하려면 안구, 코와 턱뼈 등을 절제하는 수술을 해야 했다. 스테로이드 치료로 코로나19의 공포에서 겨우 회복된 환자들이 다시 털곰팡이 감염으로 수술대에 올랐다. 그 조차도 허락되지 않은 사람들은 안타깝게도 곰팡이병으로 목숨을 잃어야 했다.

2021년 인도에서는 코로나19와 함께 닥친 털곰팡이증으로 수많은 환자가 발생했다. 평상시라면 별일없이 지나갔을 털곰팡이가 면역력이 약해진 사람들에게 치명적인 질병으로 찾아왔다. 병실과 의료용 산소가 부족해지자 일부 환자들은 길거리 천막에 누워 치료를 받았다.

병원균은 없다

예전에는 병원균에게는 병을 일으키는 뭔가 특별한 것이 있다고 믿었다. 다른 세포에 잘 달라붙는 단백질이 있거나 주변의 세포조직을 빠르게 분해할 수 있는 효소가 있는 균은 다른 미생물보다 병을 훨씬 더 잘 일으킬 수 있기 때문이었다. 그래서 그런 단백질이나 효소를 '병원성 유발인자virulence factor'라고 불렀다. 하지만 예상과 다른 사실이 하나둘씩 밝혀지기 시작했다. 전에는 병을 일으키지 않던 미생물이나 병원성 인자가 없는 미생물도 병을 일으킨다는 것이 알려진 것이다. 게다가 우리 몸에 자리 잡고 잘 살아가던 미생물이 병원균으로 돌변하는 사례도 나타났다. 우리가 병원성 인자라고 부르는 단백질이나 효소가 없는 미생물도 병을 일으킨다면, 사실 병원성 인자라는 것을 구별하는 일이 그리 큰 의미가 없을지도 모른다.

내가 연구하는 칸디다의 경우도 비슷하다. 1950년대만 해도 우리는 칸디다가 병원균이라고 생각하지 않았다. 그러다 항생제 사용이 점차 늘면서 구강 칸디다증이 생기기 시작했고 1980년대 이후에는 면역 체계가 약화된 환자들의 칸디다 혈관 감염 사례가 급격히 늘어났다. 이후 우리는 칸디다에게 '기회감염균opportunistic pathogen'이라는 새로운 정체성을 부여했다. 칸디다 입장에서 보면 늘 하던 대로 살고 있을 뿐인데, 자신의 의지와는 상관없이 정체성이 바뀌었으니 억울하기도 할 것이다.

우리는 수많은 미생물과 더불어 살도록 진화해 왔다. 우리가 병원균이라고 부르는 많은 미생물의 예를 보더라도, 그들 입장에서는 인간의 조직에서 양분을 얻어 살아남기 위해 최선을 다한 것뿐이다. 그들이 살기 위해 분비한 화학 물질이 우리의 조직을 상하게 하면, 우리는 그 화학 물질을 독소라고 부른다. 그들이 최선을 다해 세포 분열을 해서 개체수를 늘리면 우리는 감염이 되었다고 한다.

공생에는 영원한 적이나 영원한 친구라는 관계는 존재하지 않는다. 공생하는 개체들이 어떻게 상호작용을 하는가에 따라 친구였던 생물이 적이 되기도 하고, 그 반대의 일이 일어나기도 한다. 우리가 편의대로 부여한 병원균, 정상균, 기회감염균이라는 정체성은 미생물의 입장을 고려하지 않고 우리의 입장에서 부여한 것이다. 생물들 간의 관계와 공생을 제대로 보기 위해서는 어느 한쪽의 입장보다는 관계의 상호작용을 한 결과가 어떻게 나타나는가를 보는 것이 중요하다.

모든 현상을 푸는 열쇠는 관계에 있다. 생명 현상을 유지하는 데 가장 중요한 조건도 생명을 이루는 세포들이 어떻게 관계를 유지하는가에 달려 있다. 특히나 곰팡이는 우리 주변에 널려 있기 때문에, 면역 체계가 약해진 환자와 곰팡이 관계의 균형이 깨지게 되면 곰팡이는 우리에게 치명적인 존재가 되는 것이다. 곰팡이와 우리는 끊임없이 서로를 확인하며 관계의 균형을 조심스럽게 조율해 삶의 방향을 정한다. 곰팡이가 우리를 죽음으로 이끄는 어마어마한 병원균으로 전환하게 된 까닭도 관계의 균형이 무너진 시점에서 곰팡이의 비정상적인 성장이 시작되었기 때문이라고 할 수 있다.

그럼 이들 곰팡이는 우리 인간의 면역 체계가 무력화된 것을 어떻게 알아챘을까? 도대체 이 작은 생명체는 우리와 어떤 방식으로 대화하기에, 우리의 몸 상태가 변화하는 것을 재빠르게 감지하고 즉각적으로 반응하는 것일까? 또 이 생명체는 같은 자리에서 살고 있는 다른 미생물과 어떤 관계를 유지하며 공존하는 것일까? 이런 질문에 답하기 위해 나는 이 작은 곰팡이를 경이에 찬 시선으로 바라보고 연구한다. 아직은 질문만 무성하고 풀어야 할 숙제가 산더미처럼 쌓여 있지만, 언젠가는 이들이 사는 세상을 더 잘 이해할 수 있는 날이 올 것이라고 기대한다. 곰팡이를 따뜻한 시선으로 바라보고 연구하는 연구자가 보다 많아지기를 간절히 바란다.

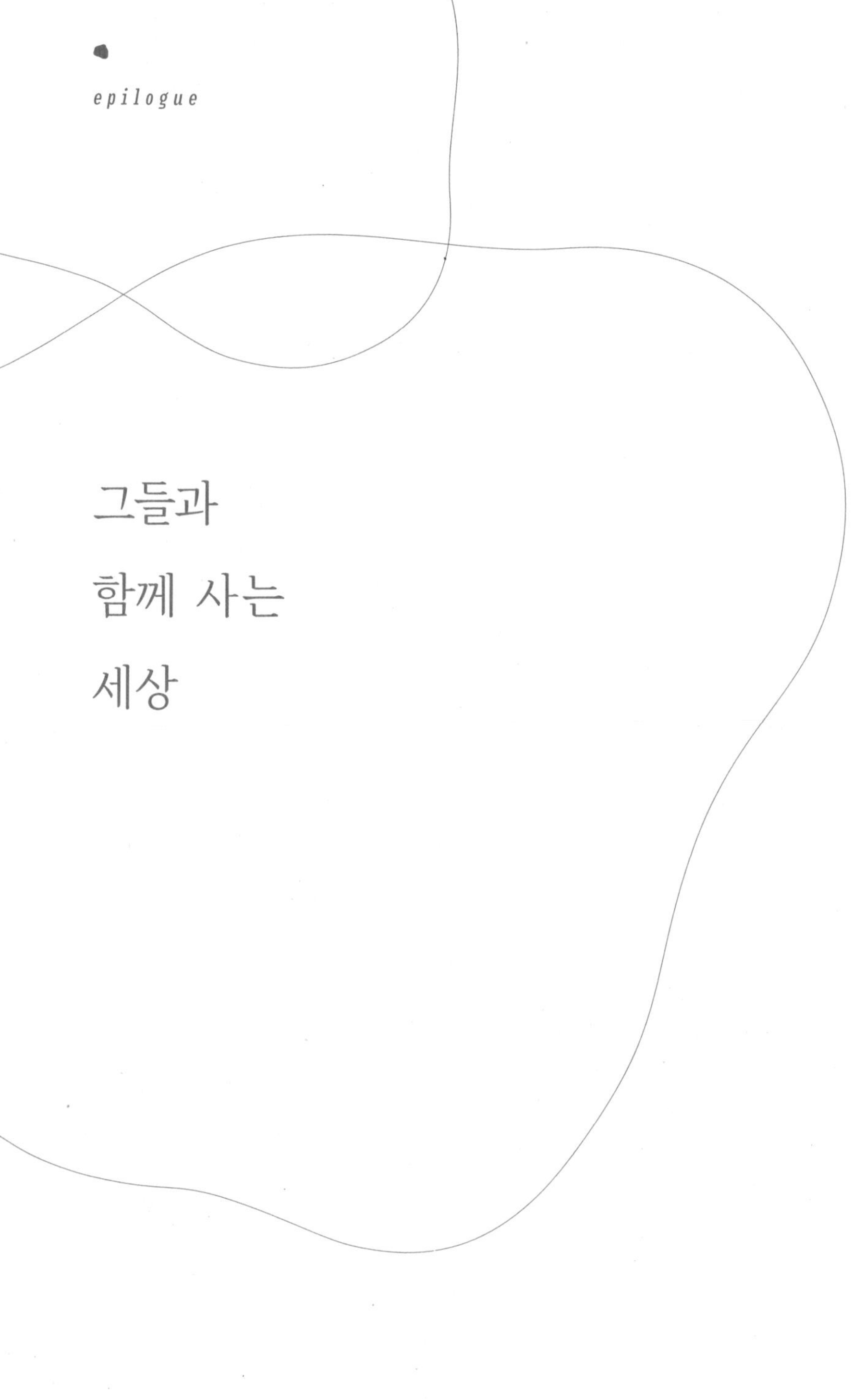

epilogue

그들과 함께 사는 세상

보이지 않는 가장 가까운 이웃

생물학 연구의 역사는 우리의 이웃을 발견하는 긴 여정이었다. 맨 처음 생물학 연구는 우리 주변의 식물과 동물의 삶을 관찰하는 것이었다. 아마도 인간이 먹을 수 있는 것과 먹지 못하는 것을 구분하는 '먹을 것 찾기'의 단계였을 것이다. 어떤 식물이 언제 싹이 나고 꽃을 피우고 열매를 맺는지, 식물을 언제 채집하면 가장 맛있는지를 찾아내는 것이 이런 관찰의 목적이었을 것이다. 고기를 얻거나 낚시를 하기 위해, 동물과 물고기는 어디에 사는지, 어떤 습성을 가졌는지, 어떻게 이동하는지를 살폈을 것이다. 그런 관찰을 기록하고 분석하면서 조금씩 생물학 연구의 틀이 잡혔고, 마침내 멘델의 연구를 시작으로 어떤 모양의 콩을 맺는지, 키가 얼마나 자라는지, 꽃 색깔은 어떻게 달라지는지, 세대를 거쳐 이런 생물학적 특징이 어떻게 유전되는지를 알아냈을 것이다. 다윈의 진화론도 평생 동안 생물을 꾸준히 관찰하고 기록한 덕분에 탄생한 위대한 결실이 아니었을까?

이와 같이 생물학의 초기 연구는 모두 우리 눈에 보이는 식물과 동물이 대상이었다. 정작 우리가 미생물의 존재를 인지하게 된 것은 얼마 되지 않는다. 그 이유는 단순하다. 너무 작아 우리 눈에 보이지 않기 때문이다. 달리 말하면 우리 눈의 시신경이 150마이크로미터 간격으로 자리 잡고 있어, 그보다 작은 것은 우리가 볼 수 없기 때문이다. 모든 것이 인간을 중심으로 돌아가는 지구에서 우리는 인간의 미약한 시력으로 세상을 보고, 우리 눈에 잘 띄지 않는 것에는 관심을 크게 두지 않고 살아간다. 인간이 이룩한 사회에 갇혀 우리를 세상의 중심이라고 믿기도 한다. 인간의 지식과 인지능력으로 세상의 모든 미스터리에 답을 내놓고자 하면서도, 거대한 미생물의 세상을 보지 못했다. 어쩌면 어떤 것은 알고 싶지 않아서 일부러 외면하고 있는지도 모른다.

만약 미생물이 우리 눈에 잘 보이도록 지금보다 더 크거나, 우리의 시력이 아주 좋아서 미생물을 흐릿하게라도 볼 수 있었다면 미생물을 대하는 우리의 태도가 조금은 달라졌을까? 그런데 만약 우리가 그들을 실제로 볼 수 있다면 어떨까? 손톱 밑에 붙어있는 생물들, 피부 표면에 더덕더덕 붙어있거나 꼬물거리고 다니는 생물이 우리 눈에 보인다면, 지금처럼 쾌적한 기분으로 살 수 있을까? 생각해보니 오싹하게 소름이 돋을 것 같다. 우리 눈이 지극히 제한적인 시야를 가지고 있다는 사실이 한편으론 다행스럽다.

개와 고양이에 관한 불편한 진실

어느 나른한 주말 오후, 나의 하루를 미생물의 입장에서 관찰해 본다. 어쩌다 보니 우리 가족은 개, 고양이, 닭, 햄스터와 함께 살고 있다. 개와 고양이 그리고 나는 각자의 공간에서 무료함을 즐기고 있다. 개는 푹신한 베개에 턱을 괴고 우울한 얼굴로 바닥에 엎어져 있다. 고양이는 늘 그랬듯이, 소파 한 가운데에 도도한 표정으로 옆으로 길게 늘어져 있다. 나는 고양이를 피해 소파 한 구석에 앉아 있다. 그들의 멍 때리기를 깨고 싶지 않은 나는 미동도 않고 가만히 그들을 지켜본다.

고양이 녀석은 이름을 부르면 잠시 고개를 까딱하더니 다시 옆으로 쓰러져 눕는다. 아무리 불러도 제가 오기 싫으면 그만이다. 제 앞발을 거칠거칠한 혓바닥으로 핥더니 그 발로 얼굴을 문지르기 시작한다. 침에 묻은 미생물을 온 몸에 묻히고 있다. 침이 마르면 털에 묻은 미생물 중 일부는 소멸하겠지만 꽤 오래 버티는 것도 있을 것이다. 고양이 꼬리가 슬그머니 내 손끝을 스친다. 부드러운 감촉에 고양이 머리를 쓰다듬는다. 고양이 머리에 묻은 미생물이 내 손바닥으로 옮아 왔다. 나도 모르게 그 손으로 탁자 위에 놓인 과자를 입에 넣는다. 고양이 입에서 여행을 시작한 미생물이 나의 입으로 옮겨 왔다. 옆에서 지켜보던 개도 쪼르르 달려와 무릎에 턱을 고이고 빤히 쳐다보더니 내 손을 핥는다. 개의 미생물도 내 손으로 옮아 왔다. 이 장면을 목격한 고양이가 질투심에 불타 이글거리는 눈빛을 쏘면서 다가오더니 나의 손에 머리를 비비기 시작한다. 나는 그 손으로 음식을 먹고, 아이들을 보듬고, 집안 곳곳을 청소하며, 기꺼이 미생물의 셔틀 버스가 된다.

요람에서 무덤까지 이르는 우리의 삶에는 언제나 미생물이 함께 한다. 출산의 순간은 엄마에게도 고통이지만, 자궁을 비집고 탈출하는 아이에게도 힘겨운 시간이다. 자궁 안의 안락한 양수에서 헤엄치던 아이는 양수가 터지는 순간부터 미생물에 노출된다. 비좁은 산도를 힘겹게 빠져 나올 때 산도 안 점액질에 있던 엄마의 미생물이 아기의 온 몸을 덮는다. 꼬물꼬물 엄마 품에 안겨 힘차게 젖을 빨 때 엄마의 피부에 살던 미생물이 아기의 입으로 여행을 떠난다. 그 중 위에서 위산의 공격을 잘 피한 미생물은 마침내 소장과 대장에 안착한다. 할머니에게 안기고, 할아버지와 뽀뽀하고, 형제들과 친구를 만나는 삶의 모든 순간에 그들과 함께 한 미생물이 서로 넘나든다. 어느 새 성인이 된 아이는 연인을 만나 사랑을 하고 새로운 가족을 이룬다.

부부가 오래 살면서 서로 보고, 웃고, 싸우다 보면 자신도 모르게 서로의 표정을 닮는다. 음식을 나눠 먹고, 쓰다듬고, 그러다 잠들고, 그러는 동안 서로의 미생물을 나누면서 체취와 숨결도 닮아간다. 우리의 "사랑은 미생물을 타고" 수천 만 마리의 미생물을 공유하는 의식이다. 비록 우리 눈에는 보이지 않지만 우리 주변과 우리 몸 구석구석에 수많은 미생물이 어울려 살아가는 그들의 커뮤니티가 있다. 미생물총叢 혹은 마이크로바이옴microbiome이라고 불리는 미생물 공동체다.

생명을 보는 새로운 눈

미생물은 우리 눈에 보이지 않는다. 개와 고양이, 꽃과 나무와 달리 이들은 우리에게 있으면서도 없는 존재다. 현미경으로 보면 엄연히 그들의 모습을 볼 수 있지만, 여전히 그들은 우리에게 낯선 존재다. 그래서일까 우리는 미생물이 우리에게 미치는 엄청난 영향을 부정하고 그들의 역할을 오해하기도 했다. 아마도 역사적으로 가장 먼저 인식된 미생물은 '질병 유발자'였을 것이다. 물론 그 후 연구의 주제도 대부분 특정 질병을 일으키는 미생물을 찾는 연구에 초점을 맞추어 왔다. 특히나 로베르트 코흐Robert Koch라는 위대한 미생물학자가 모든 감염병은 미생물이 일으키며 병을 앓는 생물에서는 병의 원인인 미생물을 분리할 수 있다는 '세균학의 원칙(코흐의 공리)'을 확립하면서 자연스럽게 미생물을 순수 배양하고 연구하는 것이 미생물 연구의 정석이 되었다.

그러다 보니 안락한 배양액에서 키운 미생물의 행동이 자연 상태에서도 그럴 것이라는 오해를 낳았고, 한동안 미생물의 생태 연구는 갈 길을 잃고 헤맨 적도 있었다. 물론 지금도 대부분의 미생물 연구는 순수 배양한 단일 생물을 대상으로 이루어진다. 대장균을 이용해서 생명의 기본이 되는 유전자 복제와 전사, 단백질 합성 같은 세포의 기본 대사 과정을 밝혀내고, 효모를 이용해서 세포 주기와 유전자 조절 방식을 연구할 수 있었던 것도 코흐가 개발한 순수 배양 기술 덕분이었다. 다만 큰 숲을 보지 못하고 나무만 파고다닌 셈이니 반쪽짜리 연구라고나 할까? 다행히도 자연에서 다른 생물과 어울려 사는 미생물 공동체를 인식하고 연구하는 미생물학자가 늘어나면서, 미생물 연구의 패러다임도 혼자 사는 미생물이 아니라 공동체의 일부로 살아가는 미생물을 연구하는 방향을 바꾸었고, 이제는 거대한 미생물 공동체를 연구하는 방향으로 나아가고 있다.

자연 상태의 미생물은 생물막이라는 미생물 공동체를 이루고 살아간다. 생물막은 여러 미생물이 함께 만들어가는 일종의 도시다. 판이하게 다른 곰팡이와 세균, 바이러스가 바짝 붙어 앉아 보호막을 뒤집어 쓰고는 자신들의 다양성은 유지한 채 각자 고유의 역할을 해내면서 도시를 유지하고 있다. 잘 조직된 공동체를 형성한다는 것은 단순히 개체들이 한데 몰려 있다는 것 이상의 의미다. 이들 각 개체들 사이에는 서로의 활동을 조정하고 조율하기 위해 긴밀한 소통이 이루어지고 있다. 미생물의 도시에는 여러 종류의 미생물이 상대방의 말을 듣고 서로 협력하고 견제하며 균형 잡힌 도시를 만들고 유지한다. 그 관계가 지속되면 생물막 안에서 각자의 역할이 생기고 서로 돕는 관계로 진화한다.

미생물 도시의 구성원이 되면 미생물은 개체의 삶과는 아주 다른 삶을 살기도 한다. 이들은 이웃이 살아가는 방식에 맞춰 더 빠르게 자라야 하기도 하고, 또 속도를 줄여 아주 천천히 자라기도 한다. 과거에는 자연 상태의 미생물을 연구하려면 생물막의 미생물을 분리 배양하고 어떤 종류의 미생물이 살고 있는지 분석해야 했기 때문에, 특정 미생물을 배양하는 데 실패하면 생물막에 실제 어떤 미생물이 존재하는지 밝히기가 매우 어려웠다. 환경에 존재하는 모든 생물의 유전체를 수집하고 분석하는 마이크로바이옴(군유전체) 연구 방법이 개발되면서 자연 생태의 생물막이나 미생물군이 어떻게 살아가는지 밝히는 게 가능해졌다. 마이크로바이옴 연구는 심해나 북극해, 유황천 같은 극한 환경에 살고 있는 미생물군을 분리 배양하지 않고도 유전체를 수집할 수 있기 때문에, 실험실에서 배양이 불가능해 찾아낼 수 없었던 수많은 미생물을 찾는 데 매우 유용했다.

2007년에는 인간의 몸에 살고 있는 미생물군을 연구하는 대규모 국제공동연구인 '인간 마이크로바이옴 프로젝트Human Microbiome Project, HMP'가 시작되었다. 우리 몸속에는 어떤 미생물이 살고 있는지, 그들은 어떤 대사물질을 합성하는지, 또 어떻게 소통하는지를 밝히는 마이크로바이옴 연구의 시대가 열린 것이다. 불과 십여 년 전만 해도 홀대 받던 미생물이 이제는 연구자들의 '셀럽celebrity'으로 급부상했다. 인간 마이크로바이옴 프로젝트 연구로 우리 몸에 사는 미생물군에 따라 알러지나 면역 반응이 달라지는 것은 물론 비만, 당뇨병, 암, 심지어 우울증과 자폐, 치매에도 미생물군이 영향을 미친다는 믿을 수 없는 사실이 속속 뉴스에 등장했다. 결국 우리 몸 곳곳에 보이지 않는 수많은 미생물이 생물막을 짓고 도시를 이루면서 우리 몸의 세포와 소통하며 생리 현상을 관리 감독 하는 것은 아닌가 하는 터무니없는 상상마저 하게 하고 있다.

'-gene'에서 '-ome'으로

생물학 연구의 흐름이 방향 전환을 크게 하게 된 계기는 유전체 연구가 시작되면서부터다. 1990년대 후반부터 2000년대 초반은 유전체, 즉 게놈 연구의 세계였다. 그 이전까지는 분자생물학과 생화학 연구자들의 주도로 유전자를 개별적으로 연구하던 시대였다. 오죽하면 우스갯소리로, 생물학 연구실마다 꽂혀서 연구하는 유전자가 하나씩 있다는 이야기를 했다. 그 시절 우리 연구실이 꽂혀 있는 유전자는 곰팡이 세포벽의 구성 성분인 키틴을 합성하는 효소였다. 개개의 유전자를 들여다보는 연구의 한계는 각 유전자의 구조와 기능을 알아낸다 해도, 실제로 세포에서 어떤 단백질을 만들어 어떤 역할을 하는지, 그리고 어떤 기작으로 조절되는지를 알기가 어렵다는 점이었다.

그러던 중에 미국의 유전학자인 프랜시스 콜린스Francis S. Collins를 비롯한 열정적인 과학자 그룹에서 생명 현상을 총체적으로 이해하려면 생물 유전체의 비밀을 밝혀야 한다는 야심 찬 제안을 내놓았고, 마침내 미국 국립보건원과 정부의 전폭적인 지원을 받은 프로젝트가 시작되었다. 그 당시만 해도 유전체가 모든 생명의 비밀을 담은 암호이고, 그 암호를 담은 염기 서열을 알아내기만 하면 생명의 신비를 밝히고, 인류를 위협하는 모든 질병을 극복할 것이라고 믿었다. 전 세계가 유전체 프로젝트에 열광했고, 크레이그 벤터J. Craig Venter가 이끄는 셀레라지노믹스Celera Genomics가 참여하면서 프로젝트는 더욱 박차를 가하게 되었다. 마침내 2003년 4월

제임스 왓슨과 프랜시스 크릭이 DNA 이중 나선 구조를 발표한 지 50주년이 되는 해에 인간의 유전체 지도가 완성되어 발표되었다. 인간 유전체의 암호를 손에 넣었으니, 이제 판도라의 상자가 열렸다고 흥분했지만, 과학자들은 유전체 전체 정보를 읽고 나서도, 생명 현상과 유전자의 기능이 어떻게 연관되어 있는지 명확하게 설명할 수 없었다. 유전체 프로젝트는 유전자 하나의 역할에만 몰두하던 학계의 안목을 한 생물의 유전체로 넓히고, 유전학 연구의 판도를 뒤바꾼 새로운 패러다임이 되었지만, 유전체 염기 서열만으로는 수십 억 개의 염기 서열로 이루어진 인간 유전체 정보의 의미를 알 수 없었다.

한 생명의 유전체에 있는 정보는 주변 환경이나 상황에 따라서 필요한 유전자를 적절하게 골라서 발현시킨다. 그래서 유전체에 어떤 정보가 담겨 있는지보다는 유전체에 포함된 유전자 그룹이 언제 어떻게 발현 되는지를 연구하는 것이 중요하다. 상황에 따라 다르게 발현되는 유전자의 기능을 이해한다면, 생명 현상을 이해하는 데 한 발짝 더 다가갈 수 있을 것이라는 희망을 담아 새로이 등장한 연구 패러다임이 바로 전사체transcriptome 연구다.

유전체의 서열은 이미 밝혀냈으니, 유전체 정보를 이용해서 발현의 양상을 조사하는 실험 방법을 개발하는 것은 어렵지 않았다. 2000년대 초에 한창 유행했던 마이크로어레이microarray와 같은 연구 도구가 개발되었고, 방대한 양의 데이터를 처리할 수 있는 생물정보학bioinformatics도 새로이 등장했다. 다양한 환경에서 발현되는 전사체를 연구한 결과, 특정 유전자는 환경과 조건에 따라 발현의 유무와 양상이 달라지고, 유전자 발현이 바뀜에 따라 세포의 화학 작용도 변한다는 사실을 알아냈다. 효모가 포도당이 풍부할 때와 부족할 때 각각 수백 개의 유전자가 다르게 발현된다는 연구를 시작으로 다양한 모델생물과 환경에서 전사체 연구가 진행되었다. 물론 전사체 연구는 인간의 질병과 암 연구에도 큰 기여를 했다. 암세포는 정상 세포와 비교해 유전자 발현이 명백하게 달라진다는 것을 밝혀냈을 뿐 아니라, 여러 종류의 암에서 다르게 발현되는 유전자를 찾아냄으로써, 각각의 암에 적합한 치료법을 연구하는 기초가 되었다. 박사후연구원으로 UCLA에서 일하면서 전사체 연구에 참여한 것이 계기가 되어서 나도 요즘 진행하는 연구 프로젝트에 종종 전사체 방법을 사용한다.

이런 장점이 있지만, 전사체 연구에는 무시할 수 없는 약점이 있다. 전사체 연구는 유전자가 환경에 따라 다르게 발현된다는 것을 보여주기는 하지만, 세포의 활동을 직접적으로 주관하는 단백질의 발현이나 활성을 예측하지는 못한다. 이를 보완하기 위해 세포에서 발현되고 활동하는 단백질 전체를 연구하는 새로운 '-ome' 연구법이 등장했다. 바로 단백질체proteome 연구다. 단백질체 연구의 가장 큰 공헌은 단백질이 환경의 변화나 세포 상태에 따라 다르게 발현되는 것을 보여줄 뿐 아니라, 여러 단백질이 직접 혹은 간접적으로 연결되어 소통한다는 것을 밝힌 점이다. 그중에서도 여러 단백질과 소통하면서 단백질의 활성을 조절하는 스위치나, 각 반응을 이어주는 연결 고리 혹은 단백질 사이에 신호를 전달하는 통신 허브처럼 다양한 역할을 하는 단백질을 찾아냈다. 그렇게 밝혀낸 모든 단백질의 상호작용을 엮어 단백질 소통 네트워크인 상호작용체interactome를 구축했다. 여기서 끝이 아니었다.

단백질체를 연구하는 목적은 단백질이 세포의 대사 작용을 매개해서, 어떤 화학 반응을 하고, 어떤 산물을 만들어 내고, 그 산물이 세포에 어떤 영향을 주는지 알아내는 것이다. 그 다음 순서는 유전체 발현의 결과로 생산되는 모든 대사물질을 밝히는 대사체metabolome 연구다. 대사체 연구에서는 대사 과정의 중간 산물로 생성되는 다양한 대사물질을 동정同定, identification해서 그 양을 측정하고, 환경의 변화나 유전자의 돌연변이로 달라지는 대사물질을 추적하고 연구한다. 그 결과로 세포에서 실제로 일어나는 생화학 반응의 양상을 읽을 수 있다. 유전체 연구를 시작으로 전사체, 단백질체, 대사체 연구는 모두 세포 안에서 일어나는 일을 관찰하고 연구하는 과정이었다. 하지만 각각의 세포를 연구하는 것만으로는 생물의 진짜 모습을 알 수 없었다. 자연의 모든 생물은 다양한 커뮤니티에서 주변의 이웃과 관계를 맺고 살아가기 때문이다.

미생물도 예외는 아니다. 이제 새로운 '-ome'의 세계는 독립된 세포들의 생명 현상을 한데 아우르는 커뮤니티에서 일어나는 일을 연구한다. '마이크로바이옴'이라고 불리는 미생물 공동체 연구다.

자연에 혼자는 없다

미생물의 삶을 이해하려면 마이크로바이옴이라는 거대한 공동체에서 다른 생물과 관계를 맺고 살아가는 '공생'이라는 키워드에 주목해야 한다. 미생물 공동체에는 어느 생명체 하나라도 분리된 삶은 존재하지 않는다. 그들은 경계를 가지고 각자 독립적으로 생활하지만, 끊임없이 상대와 접촉하고 어떤 식으로든 소통한다. 대사 작용 중에는 주변에서 필요한 양분을 얻기도 하고 잉여 산물을 나누기도 하면서, 서로 협력하고 또 경쟁한다. 또한 생물의 공생 관계에는 상대방이 전적으로 내 편인 경우도, 또 전적으로 나의 적인 경우도 없다. 그 와중에 무언가를 나누어 갖기도 하고, 서로 빼앗기도 하고, 또 여러 다른 행동을 유발하게도 한다. 그리고 이런 상호작용은 새로운 방향으로 진화를 촉진한다.

미생물 공동체에 함께 사는 곰팡이도 마찬가지다. 그 복잡한 생태계에서 곰팡이가 사는 법을 이해하려면 하나의 유전자, 하나의 생물을 바라보던 좁은 시야에서 벗어나 생물 커뮤니티 전반에 일어나는 일에 관심을 가져야 한다. 곰팡이 이야기를 하지만, 곰팡이가 주변 환경과 주위 생물을 어떻게 인식하고 관계를 형성하는지에 더 많은 관심을 쏟아야 하는 이유다. 비록 이 책에서는 곰팡이 이야기를 주로 했지만, 독자들이 곰팡이와 어울려 살아가는 다른 생물의 삶을 통해 곰팡이에 대한 편견을 지우고, 함께 사는 삶의 새로운 의미를 발견하길 소망한다.

우리는 모두 자연의 일부이고, 어떤 식으로든 관계를 맺고 살아간다. 우리가 자연의 일부이고, 생태계의 지극히 작은 존재라는 것을 인정하는 순간 우리는 새로운 삶으로 초대된다. 우리가 자연과 더불어 사는 법을 하나씩 찾을 때마다, 병들어 힘들어 하는 자연도 조금씩 더 편해지지 않을까? 세상 어느 누구도 섬이 아니니까.

세상의 누구도 섬이 아닙니다.
우리는 모두 대륙의 한 부분입니다.
한 줌의 흙이 바다에 쓸려 가면, 곶이었던 자리이든,
당신이나 당신 친구의 터가 있었던 자리이든,
그만큼 대륙은 작아집니다.
나는 인간 관계에 매여 있기에,
그 누구의 죽음도 나를 작게 만듭니다.
그러니 누구를 위하여 종이 울리는지 알려고
사람을 보내지 마십시오.
종은 그대를 위해 울립니다.

— 존 던

참고문헌

01 곰팡이의 첫인상

곰팡이의 어원 https://www.korean.go.kr/front/onlineQna/onlineQnaView.do?mn_id=216&qna_seq=95372.

곰팡이 동정 개수 O'Brien, Heath E., Jeri Lynn Parrent, Jason A. Jackson, Jean-Marc Moncalvo, and Rytas Vilgalys. "Fungal Community Analysis by Large-Scale Sequencing of Environmental Samples." *Applied and Environmental Microbiology* 71, no. 9 (September 2005): 5544-50. https://doi.org/10.1128/AEM.71.9.5544-5550.2005.

철저하게 외면당한 과학 Hawksworth, David. "Mycology: A Neglected Megascience." *Applied Mycology*, August 14, 2009, 1-16.

02 곰팡이의 역사를 찾아서

파울리넬라 Lhee, Duckhyun, Ji-San Ha, Sunju Kim, Myung Gil Park, Debashish Bhattacharya, and Hwan Su Yoon. "Evolutionary Dynamics of the Chromatophore Genome in Three Photosynthetic Paulinella Species." *Scientific Reports* 9, no. 1 (February 22, 2019): 2560. https://doi.org/10.1038/s41598-019-38621-8.

세포 내 공생설 Sagan, L. "On the Origin of Mitosing Cells." *Journal of Theoretical Biology* 14, no. 3 (March 1967): 255-74. https://doi.org/10.1016/0022-5193(67)90079-3.

원시진핵생물 가설 Cavalier-Smith, T. "Archaebacteria and Archezoa." *Nature* 339, no. 6220 (May 1989): 100-101. https://doi.org/10.1038/339100a0.

바움의 내부 확장 이론 Baum, David A., and Buzz Baum. "An Inside-out Origin for the Eukaryotic Cell." *BMC Biology* 12, no. 1 (October 28, 2014): 76. https://doi.org/10.1186/s12915-014-0076-2.

바움의 내부 확장 이론 인터뷰 "How Did Complex Life Evolve? The Answer Could Be inside Out." https://www.biomedcentral.com/about/press-centre/science-press-releases/28-oct-2014.

+ 세상에서 가장 오래된 곰팡이

세상에서 가장 오래된 곰팡이 화석 Loron, Corentin C., Camille François, Robert H. Rainbird, Elizabeth C. Turner, Stephan Borensztajn, and Emmanuelle J. Javaux. "Early Fungi from the Proterozoic Era in Arctic Canada." *Nature* 570, no. 7760 (June 2019): 232-35. https://doi.org/10.1038/s41586-019-1217-0.

24억 년 전 곰팡이 화석 Bengtson, Stefan, Birger Rasmussen, Magnus Ivarsson, Janet Muhling, Curt Broman, Federica Marone, Marco Stampanoni, and Andrey Bekker. "Fungus-like Mycelial Fossils in 2.4-Billion-Year-Old Vesicular Basalt." *Nature Ecology & Evolution* 1, no. 6 (April 24, 2017): 1-6. https://doi.org/10.1038/s41559-017-0141.

37억 년 전 미생물 화석 Dodd, Matthew S., Dominic Papineau, Tor Grenne, John F. Slack, Martin Rittner, Franco Pirajno, Jonathan O'Neil, and Crispin T. S. Little. "Evidence for Early Life in Earth's Oldest Hydrothermal Vent Precipitates." *Nature* 543, no. 7643 (March 2017): 60-64. https://doi.org/10.1038/nature21377.

03 곰팡이는 우리와 정말 많이 닮았다

항아리곰팡이의 기원 뉴스 "양서류 위협 항아리곰팡이병, 한반도에서 발원," May 11, 2018. https://www.hani.co.kr/arti/science/science_general/844161.html.

곰팡이의 유연관계 Gladieux, Pierre, Jeanne Ropars, Hélène Badouin, Antoine Branca, Gabriela Aguileta, Damien M. de Vienne, Ricardo C. Rodríguez de la Vega, Sara Branco, and Tatiana Giraud. "Fungal Evolutionary Genomics Provides Insight into the Mechanisms of Adaptive Divergence in Eukaryotes." *Molecular Ecology* 23, no. 4 (February 2014): 753-73. https://doi.org/10.1111/mec.12631.

EF-1 아미노산 서열 비교 Steenkamp, Emma T., Jane Wright, and Sandra L. Baldauf. "The Protistan Origins of Animals and Fungi." *Molecular Biology and Evolution* 23, no. 1 (January 2006): 93-106. https://doi.org/10.1093/molbev/msj011.

항아리곰팡이 유주자 (그림 참고) Fritz-Laylin, Lillian K., Samuel J. Lord, and R. Dyche Mullins. "WASP and SCAR Are Evolutionarily Conserved in Actin-Filled

Pseudopod-Based Motility." *Journal of Cell Biology* 216, no. 6 (May 4, 2017): 1673–88. https://doi.org/10.1083/jcb.201701074.

인간의 정자 (그림 참고) Zhu, W.-J. "Preparation and Observation Methods Can Produce Misleading Artefacts in Human Sperm Ultrastructural Morphology." *Andrologia* 50, no. 7 (September 2018): e13043. https://doi.org/10.1111/and.13043.

효모 p53 연구 Billant, Olivier, Marc Blondel, and Cécile Voisset. "P53, P63 and P73 in the Wonderland of S. Cerevisiae." *Oncotarget* 8, no. 34 (June 16, 2017): 57855–69. https://doi.org/10.18632/oncotarget.18506.

효모의 필수 유전자 연구 Kachroo, Aashiq H., Jon M. Laurent, Christopher M. Yellman, Austin G. Meyer, Claus O. Wilke, and Edward M. Marcotte. "Systematic Humanization of Yeast Genes Reveals Conserved Functions and Genetic Modularity." *Science* 348, no. 6237 (May 22, 2015): 921–25. https://doi.org/10.1126/science.aaa0769.

04 당신을 사랑합니다

효모의 세포 분열 주기 Duina, Andrea A., Mary E. Miller, and Jill B. Keeney. "Budding Yeast for Budding Geneticists: A Primer on the Saccharomyces Cerevisiae Model System." *Genetics* 197, no. 1 (May 2014): 33–48. https://doi.org/10.1534/genetics.114.163188.

아스페르길루스의 유성생식 O'Gorman, Céline M., Hubert T. Fuller, and Paul S. Dyer. "Discovery of a Sexual Cycle in the Opportunistic Fungal Pathogen Aspergillus Fumigatus." *Nature* 457, no. 7228 (January 2009): 471–74. https://doi.org/10.1038/nature07528.

크립토코커스의 유성생식 Nielsen, Kirsten, Anna L. De Obaldia, and Joseph Heitman. "Cryptococcus Neoformans Mates on Pigeon Guano: Implications for the Realized Ecological Niche and Globalization." *Eukaryotic Cell* 6, no. 6 (June 2007): 949–59. https://doi.org/10.1128/EC.00097-07.

세포 주기 연구 Leland H. Hartwell, R. Timothy (Tim) Hunt, and Paul M. Nurse won the 2001 Nobel Prize in Physiology or Medicine for their discoveries of "key regulators of the cell cycle." https://www.nobelprize.org/prizes/medicine/2001/summary/.

진핵생물 전사 조절 기작 연구 Roger D. Kornberg won the 2006 Nobel Prize in Chemistry "for his studies of the molecular basis of eukaryotic transcription." https://www.nobelprize.org/prizes/chemistry/2006/summary/.

텔로미어 조절 기작 Elizabeth H. Blackburn, Carol W. Greider, and Jack W. Szostak won the 2009 Nobel Prize in Physiology or Medicine "for the discovery of how chromosomes are protected by telomeres and the enzyme telomerase." https://www.nobelprize.org/prizes/medicine/2009/summary/.

오토파지 조절 기작 James E. Rothman, Randy W. Schekman, and Thomas C. Südhof won the 2013 Nobel Prize in Physiology or Medicine "for their discoveries of machinery regulating vesicle traffic, a major transport system in our cells." https://www.nobelprize.org/prizes/medicine/2013/summary/.

05 나는 탐험한다, 고로 존재한다

균근의 균사체 형성 Yafetto, L. "The Structure of Mycelial Cords and Rhizomorphs of Fungi: A Minireview." *Mycosphere* 9, no. 5 (2018): 984-98. https://doi.org/10.5943/mycosphere/9/5/3.

꿀버섯 군락 Schmitt CL, Tatum ML, "The Malheur National Forest: Location of the world's largest living organism (the Humongous Fungus)"(pdf). 2018, Forest Service, US Department of Agriculture.

붉은빵곰팡이의 발아 조건 Goddard, D. R. "The Reversible Heat Activation Inducing Germination and Increased Respiration in The Ascospores of Tetrasperma." *The Journal of General Physiology* 19, no. 1 (September 20, 1935): 45-60. https://doi.org/10.1085/jgp.19.1.45.

균사 끝부분의 키틴 합성 실험 Bartnicki-Garcia, S., and E. Lippman. "Fungal Morphogenesis: Cell Wall Construction in Mucor Rouxii." *Science* 165, no. 3890 (July 18, 1969): 302-4. https://doi.org/10.1126/science.165.3890.302.

포자의 발아와 팽압의 관계 S. Bartnicki-Garcia S, Lippman E, "The Bursting Tendency of Hyphal Tips of Fungi: Presumptive Evidence for a Delicate Balance between Wall Synthesis and Wall Lysis in Apical Growth." *Journal of General Microbiology*, 1972, 73: 487-500.

발아관 형성을 위한 방황 Bonazzi, Daria, Jean-Daniel Julien, Maryse Romao, Rima Seddiki, Matthieu Piel, Arezki Boudaoud, and Nicolas Minc. "Symmetry Breaking in Spore Germination Relies on an Interplay between Polar Cap Stability and Spore Wall Mechanics." *Developmental Cell* 28, no. 5 (March 10, 2014): 534-46. https://doi.org/10.1016/j.devcel.2014.01.023.

첨단소체와 균사의 생장 http://www.davidmoore.org.uk/21st_Century_Guidebook_to_

Fungi_PLATINUM/Ch04_01.htm.
첨단확장분지섬유 Moore, David, Liam McNulty, Audrius Meskauskas, and Jamie Davies. "Branching in Fungal Hyphae and Fungal Tissues," 75-90, 2007. https://doi.org/10.1007/0-387-30873-3_4.
균사의 방사형 생장 Watkinson, Sarah C., Lynne Boddy, and Nicholas Money. *The Fungi*. 3rd edition. Academic Press, 2016.

06 먹고 사는 이야기 — 발효와 호흡

곰팡이 앉은 딸기 Petrasch, Stefan, Steven J. Knapp, Jan A. L. van Kan, and Barbara Blanco-Ulate. "Grey Mould of Strawberry, a Devastating Disease Caused by the Ubiquitous Necrotrophic Fungal Pathogen Botrytis Cinerea." *Molecular Plant Pathology* 20, no. 6 (2019): 877-92. https://doi.org/10.1111/mpp.12794.
바르부르크의 임 대사 과정 Warburg, Otto, Franz Wind, and Erwin Negelein. "The Metabolism of Tumors in the Body." *The Journal of General Physiology* 8, no. 6 (March 7, 1927): 519-30.
크랩트리의 암 대사 과정 Crabtree, Herbert Grace. "Observations on the Carbohydrate Metabolism of Tumours." *Biochemical Journal* 23, no. 3 (1929): 536-45.
바르부르크의 암 발생 원인 "The Prime Cause and Prevention of Cancer - Part 1." https://healingtools.tripod.com/primecause1.html/.
발효를 택하는 이유 Basan, Markus, Sheng Hui, Hiroyuki Okano, Zhongge Zhang, Yang Shen, James R. Williamson, and Terence Hwa. "Overflow Metabolism in Escherichia Coli Results from Efficient Proteome Allocation." *Nature* 528, no. 7580 (December 2015): 99-104. https://doi.org/10.1038/nature15765.

+ 스트라디바리우스의 비밀

곰팡이 나무로 만든 바이올린 Schwarze, Francis W. M. R., and Mark Schubert. "Physisporinus Vitreus: A Versatile White Rot Fungus for Engineering Value-Added Wood Products." *Applied Microbiology and Biotechnology* 92, no. 3 (November 2011): 431-40. https://doi.org/10.1007/s00253-011-3539-1.

07 슬기로운 소비 생활

표고버섯과 비타민 Stamets, Paul E., and Gregory A. Plotnikoff. "Anticancer Medicinal Mushrooms Can Provide Significant Vitamin D2 (Ergocalciferol)." *International Journal of Medicinal Mushrooms* 7, no. 3 (2005). https://doi.org/10.1615/IntJMedMushrooms.v7.i3.1020.

버섯과 비타민 D 흡수 Cardwell, Glenn, Janet F. Bornman, Anthony P. James, and Lucinda J. Black. "A Review of Mushrooms as a Potential Source of Dietary Vitamin D." *Nutrients* 10, no. 10 (October 13, 2018): 1498. https://doi.org/10.3390/nu10101498.

곰팡이의 이차대사산물과 제약 산업 리뷰 Keller, Nancy P. "Fungal Secondary Metabolism: Regulation, Function and Drug Discovery." *Nature Reviews Microbiology* 17, no. 3 (March 2019): 167-80. https://doi.org/10.1038/s41579-018-0121-1.

네안데르탈인의 습성 연구 Weyrich, Laura S., Sebastian Duchene, Julien Soubrier, Luis Arriola, Bastien Llamas, James Breen, Alan G. Morris, et al. "Neanderthal Behaviour, Diet, and Disease Inferred from Ancient DNA in Dental Calculus." *Nature* 544, no. 7650 (April 2017): 357-61. https://doi.org/10.1038/nature21674.

페니실린 발견 Markel, Howard. "The Real Story behind Penicillin." PBS NewsHour, https://www.pbs.org/newshour/health/the-real-story-behind-the-worlds-first-antibiotic.

페니실린 이후의 항생제들 "Post Penicillin Antibiotics: From Acceptance to Resistance? | The History of Modern Biomedicine." http://www.histmodbiomed.org/witsem/vol6.html.

시클로스포린 발견 Heusler, K., and A. Pletscher. "The Controversial Early History of Cyclosporin." *Swiss Medical Weekly* 131, no. 21-22 (June 2, 2001): 299-302. https://doi.org/2001/21/smw-09702.

스타틴 발견 Endo, Akira. "A Historical Perspective on the Discovery of Statins." *Proceedings of the Japan Academy. Series B, Physical and Biological Sciences* 86, no. 5 (2010): 484-93. https://doi.org/10.2183/pjab.86.484.

에벤 베이어와 개빈 매킨타이어 https://www.epo.org/news-events/events/european-inventor/finalists/2019/bayer.html.

곰팡이를 이용한 환경 정화 Kulshreshtha, Shweta, Nupur Mathur, and Pradeep Bhatnagar. "Mushroom as a Product and Their Role in Mycoremediation." *AMB Express* 4 (April 1, 2014): 29. https://doi.org/10.1186/s13568-014-0029-8.

08 너의 목소리가 들려

서양 송로버섯 Sheldrake, Merlin. Entangled Life: *How Fungi Make Our Worlds, Change Our Minds & Shape Our Futures*. Random House, 2020. | 《작은 것들이 만든 거대한 세계》 (2021).

비브리오 피셔리와 하와이짧은꼬리오징어의 공생 Ruby, E. G., and K. H. Lee. "The Vibrio Fischeri-Euprymna Scolopes Light Organ Association: Current Ecological Paradigms." *Applied and Environmental Microbiology* 64, no. 3 (March 1998): 805-12. https://doi.org/10.1128/AEM.64.3.805-812.1998.

칸디다 알비칸스의 쿼럼 센싱 Hornby, J. M., E. C. Jensen, A. D. Lisec, J. J. Tasto, B. Jahnke, R. Shoemaker, P. Dussault, and K. W. Nickerson. "Quorum Sensing in the Dimorphic Fungus Candida Albicans Is Mediated by Farnesol." *Applied and Environmental Microbiology* 67, no. 7 (July 2001): 2982-92. https://doi.org/10.1128/AEM.67.7.2982-2992.2001.

지베렐린을 이용한 곰팡이와 식물의 소통 Takeda, Naoya, Yoshihiro Handa, Syusaku Tsuzuki, Mikiko Kojima, Hitoshi Sakakibara, and Masayoshi Kawaguchi. "Gibberellin Regulates Infection and Colonization of Host Roots by Arbuscular Mycorrhizal Fungi." *Plant Signaling & Behavior* 10, no. 6 (2015): e1028706. https://doi.org/10.1080/15592324.2015.1028706.

곰팡이와 다른 미생물의 소통 Morales, Diana K., and Deborah A. Hogan. "Candida Albicans Interactions with Bacteria in the Context of Human Health and Disease." *PLoS Pathogens* 6, no. 4 (April 29, 2010): e1000886. https://doi.org/10.1371/journal.ppat.1000886.

곰팡이와 선충의 소통 Saxena, Geeta, R. Dayal, and K.G. Mukerji. "Interaction of Nematodes with Nematophagus Fungi: Induction of Trap Formation, Attraction and Detection of Attractants." *FEMS Microbiology Ecology* 3, no. 6 (December 1, 1987): 319-27. https://doi.org/10.1111/j.1574-6968.1987.tb02408.x.

+ 미생물의 도시, 로스 미크로비오스

생물막의 항생제 내성 실험 Chambless, Jason D., Stephen M. Hunt, and Philip S. Stewart. "A Three-Dimensional Computer Model of Four Hypothetical Mechanisms Protecting Biofilms from Antimicrobials." *Applied and Environmental Microbiology* 72, no. 3 (March 2006): 2005-13. https://doi.org/10.1128/AEM.72.3.2005-2013.2006.

우주의 미생물막 Gu, Ji-Dong. "Microbial Colonization of Polymeric Materials for Space Applications and Mechanisms of Biodeterioration: A Review." *International Biodeterioration & Biodegradation*, 1st International Conference on Environmental, Industrial and Applied Microbiology, 59, no. 3 (April 1, 2007): 170-79. https://doi.org/10.1016/j.ibiod.2006.08.010.

09 황야의 개척자들

지의류 개괄 https://www.fs.usda.gov/wildflowers/beauty/lichens/biology.shtml.

지의류 제3의 공생자 Spribille, Toby, Veera Tuovinen, Philipp Resl, Dan Vanderpool, Heimo Wolinski, M. Catherine Aime, Kevin Schneider, et al. "Basidiomycete Yeasts in the Cortex of Ascomycete Macrolichens." *Science*, July 29, 2016. https://doi.org/10.1126/science.aaf8287.

지의류 우주 생존 실험 Brandt, Annette, Jean-Pierre de Vera, Silvano Onofri, and Sieglinde Ott. "Viability of the Lichen Xanthoria Elegans and Its Symbionts after 18 Months of Space Exposure and Simulated Mars Conditions on the ISS." *International Journal of Astrobiology* 14, no. 3 (July 2015): 411-25. https://doi.org/10.1017/S1473550414000214.

대기 오염과 지의류 http://gis.nacse.org/lichenair/?page=airpollution.

생물토양피막 연구 Zhou, Xiaobing, Yunge Zhao, Jayne Belnap, Bingchang Zhang, Chongfeng Bu, and Yuanming Zhang. "Practices of Biological Soil Crust Rehabilitation in China: Experiences and Challenges." *Restoration Ecology* 28, no. S2 (2020): S45-55. https://doi.org/10.1111/rec.13148.

10 숲의 초고속 네트워크

북반구 탄소 저장 메커니즘 연구 Cheeke, Tanya E., Richard P. Phillips, Edward R. Brzostek, Anna Rosling, James D. Bever, and Petra Fransson. "Dominant Mycorrhizal Association of Trees Alters Carbon and Nutrient Cycling by Selecting for Microbial Groups with Distinct Enzyme Function." *New Phytologist* 214, no. 1 (2017): 432-42. https://doi.org/10.1111/nph.14343.

라이니 처트의 식물과 곰팡이 화석 Trewin, NH, and CM Rice. "The Rhynie Hot-Spring System: Geology, Biota and Mineralisation - Preface." *Transactions of the Royal*

Society of Edinburgh Earth Sciences 94 (January 1, 2004): 283-84.

식물과 곰팡이 화석 Taylor, Thomas, and Michael Krings. "Fossil Microorganisms and Land Plants: Associations and Interactions." *SYMBIOSIS* 40 (January 1, 2005): 119-35.

아프리카의 녹색벽 세우기 프로젝트 Thioye, Babacar, Hervé Sanguin, Aboubacry Kane, Sergio Mania de Faria, Dioumacor Fall, Yves Prin, Diaminatou Sanogo, et al. "Impact of Mycorrhiza-Based Inoculation Strategies on Ziziphus Mauritiana Lam. and Its Native Mycorrhizal Communities on the Route of the Great Green Wall (Senegal)." *Ecological Engineering* 128 (March 1, 2019): 66-76. https://doi.org/10.1016/j.ecoleng.2018.12.033.

균근 식물 비료 연구 Hart, Miranda M., Pedro M. Antunes, Veer Bala Chaudhary, and Lynette K. Abbott. "Fungal Inoculants in the Field: Is the Reward Greater than the Risk?" *Functional Ecology* 32, no. 1 (2018): 126-35. https://doi.org/10.1111/1365-2435.12976.

나무의 탄소 화합물 전달 Simard, Suzanne W., David A. Perry, Melanie D. Jones, David D. Myrold, Daniel M. Durall, and Randy Molina. "Net Transfer of Carbon between Ectomycorrhizal Tree Species in the Field." *Nature* 388, no. 6642 (August 1997): 579-82. https://doi.org/10.1038/41557.

식물의 병원균 감염 신호 전달 Song, Yuan Yuan, Ren Sen Zeng, Jian Feng Xu, Jun Li, Xiang Shen, and Woldemariam Gebrehiwot Yihdego. "Interplant Communication of Tomato Plants through Underground Common Mycorrhizal Networks." *PLOS ONE* 5, no. 10 (13 2010): e13324. https://doi.org/10.1371/journal.pone.0013324.

식물의 해충 공격 신호 전달 Johnson, David, and Lucy Gilbert. "Interplant Signalling through Hyphal Networks." *New Phytologist* 205, no. 4 (2015): 1448-53. https://doi.org/10.1111/nph.13115.

부생식물과 균근 Merckx, Vincent, Martin I. Bidartondo, and Nicole A. Hynson. "Myco-Heterotrophy: When Fungi Host Plants." *Annals of Botany* 104, no. 7 (December 2009): 1255-61. https://doi.org/10.1093/aob/mcp235.

호두나무의 주글론 Achatz, Michaela, E. Kathryn Morris, Frank Müller, Monika Hilker, and Matthias C. Rillig. "Soil Hypha-Mediated Movement of Allelochemicals: Arbuscular Mycorrhizae Extend the Bioactive Zone of Juglone." *Functional Ecology* 28, no. 4 (2014): 1020-29. https://doi.org/10.1111/1365-2435.12208.

맹그로브 숲의 공생 Kumar, Tanumi, and Monoranjan Ghose. "Status of Arbuscular Mycorrhizal Fungi (AMF) in the Sundarbans of India in Relation to Tidal Inundation and Chemical Properties of Soil." *Wetlands Ecology and Management* 16, no. 6

(December 1, 2008): 471-83. https://doi.org/10.1007/s11273-008-9085-7.

11 농부에게 곰팡이는 양날의 칼

내생균의 이차대사산물 Strobel, Gary A. "Endophytes as Sources of Bioactive Products." *Microbes and Infection* 5, no. 6 (May 1, 2003): 535-44. https://doi.org/10.1016/S1286-4579(03)00073-X.

택솔 Stierle, A., G. Strobel, and D. Stierle. "Taxol and Taxane Production by Taxomyces Andreanae, an Endophytic Fungus of Pacific Yew." *Science* (New York, N.Y.) 260, no. 5105 (April 9, 1993): 214-16. https://doi.org/10.1126/science.8097061.

아일랜드 대기근 https://www.bbc.co.uk/history/british/victorians/famine_01.shtml.

커피녹병 https://www.apsnet.org/edcenter/disandpath/fungalbasidio/pdlessons/Pages/CoffeeRust.aspx.

파나마병과 바나나 Pegg, Kenneth G., Lindel M. Coates, Wayne T. O'Neill, and David W. Turner. "The Epidemiology of Fusarium Wilt of Banana." *Frontiers in Plant Science* 10 (2019). https://www.frontiersin.org/articles/10.3389/fpls.2019.01395.

도열병 서울대 이용환 교수 인터뷰 "생물정보학을 통해 system level에서 벼 도열병 발생을 이해할 수 있는 연구체계를 구축할 것." https://www.ibric.org/myboard/read.php?Board=interview&id=219.

12 위험한 동거

도널드 프레드릭슨(전 미국 국립보건원 원장)의 유전자조작 기술 연구 안정성 회의 Donald S. Fredrickson - Profiles in Science. "The Controversy over the Regulation of Recombinant DNA Research, 1975-1981," March 12, 2019. https://profiles.nlm.nih.gov/spotlight/ff/feature/rdna.

항아리곰팡이의 기원 O'Hanlon, Simon J., Adrien Rieux, Rhys A. Farrer, Gonçalo M. Rosa, Bruce Waldman, Arnaud Bataille, Tiffany A. Kosch, et al. "Recent Asian Origin of Chytrid Fungi Causing Global Amphibian Declines." *Science* 360, no. 6389 (May 11, 2018): 621-27. https://doi.org/10.1126/science.aar1965.

박쥐 흰코증후군 https://www.whitenosesyndrome.org/static-page/where-is-wns-now.

온도가 흰곰팡이 생장에 미치는 영향 Verant, Michelle L., Justin G. Boyles, William

Waldrep Jr, Gudrun Wibbelt, and David S. Blehert. "Temperature-Dependent Growth of Geomyces Destructans, the Fungus That Causes Bat White-Nose Syndrome." *PLOS ONE* 7, no. 9 (28 2012): e46280. https://doi.org/10.1371/journal.pone.0046280.

흰곰팡이의 장기 생존율 연구 Hoyt, Joseph R., Kate E. Langwig, Joseph Okoniewski, Winifred F. Frick, Ward B. Stone, and A. Marm Kilpatrick. "Long-Term Persistence of Pseudogymnoascus Destructans, the Causative Agent of White-Nose Syndrome, in the Absence of Bats." *EcoHealth* 12, no. 2 (June 2015): 330-33. https://doi.org/10.1007/s10393-014-0981-4.

흰코증후군과 박쥐의 겨울잠 Zukal, Jan, Hana Bandouchova, Tomas Bartonicka, Hana Berkova, Virgil Brack, Jiri Brichta, Matej Dolinay, et al. "White-Nose Syndrome Fungus: A Generalist Pathogen of Hibernating Bats." *PLOS ONE* 9, no. 5 (12 2014): e97224. https://doi.org/10.1371/journal.pone.0097224.

13 나의 위기는 곧 누군가의 기회

세계 진균 감염증 통계 - 미국 질병통제센터(CDC) https://www.cdc.gov/fungal/index.html.

인간 진균 감염증 Janbon, Guilhem, Jessica Quintin, Fanny Lanternier, and Christophe d'Enfert. "Studying Fungal Pathogens of Humans and Fungal Infections: Fungal Diversity and Diversity of Approaches." *Genes and Immunity* 20, no. 5 (May 2019): 403-14. https://doi.org/10.1038/s41435-019-0071-2.

장기 이식과 진균 감염 Shoham, Shmuel, and Kieren A. Marr. "Invasive Fungal Infections in Solid Organ Transplant Recipients." *Future Microbiology* 7, no. 5 (May 2012): 639-55. https://doi.org/10.2217/fmb.12.28.

전신 칸디다 감염 Pappas, Peter G. "Invasive Candidiasis." *Infectious Disease Clinics of North America* 20, no. 3 (September 2006): 485-506. https://doi.org/10.1016/j.idc.2006.07.004.

전신 아스페르길루스 감염 Baddley, John W. "Clinical Risk Factors for Invasive Aspergillosis." *Medical Mycology* 49, no. Supplement_1 (April 1, 2011): S7-12. https://doi.org/10.3109/13693786.2010.505204.

에이즈와 크립토코커스 뇌수막염 Rajasingham, Radha, Rachel M Smith, Benjamin J Park, Joseph N Jarvis, Nelesh P Govender, Tom M Chiller, David W Denning, Angela Loyse, and David R Boulware. "Global Burden of Disease of HIV-Associated

Cryptococcal Meningitis: An Updated Analysis." *The Lancet. Infectious Diseases* 17, no. 8 (August 2017): 873-81. https://doi.org/10.1016/S1473-3099(17)30243-8.

에이즈와 뉴모시스티스 감염 Kovacs, J. A., J. W. Hiemenz, A. M. Macher, D. Stover, H. W. Murray, J. Shelhamer, H. C. Lane, C. Urmacher, C. Honig, and D. L. Longo. "Pneumocystis Carinii Pneumonia: A Comparison between Patients with the Acquired Immunodeficiency Syndrome and Patients with Other Immunodeficiencies." *Annals of Internal Medicine* 100, no. 5 (May 1984): 663-71. https://doi.org/10.7326/0003-4819-100-5-663.

구강 칸디다증 사례 Epstein, J. B., and B. Polsky. "Oropharyngeal Candidiasis: A Review of Its Clinical Spectrum and Current Therapies." *Clinical Therapeutics* 20, no. 1 (February 1998): 40-57. https://doi.org/10.1016/s0149-2918(98)80033-7.

epilogue 그들과 함께 사는 세상

고양이의 입속 미생물 Sturgeon, A., S. L. Pinder, M. C. Costa, and J. S. Weese. "Characterization of the Oral Microbiota of Healthy Cats Using Next-Generation Sequencing." *Veterinary Journal* (London, England: 1997) 201, no. 2 (August 2014): 223-29. https://doi.org/10.1016/j.tvjl.2014.01.024.

진한 키스가 옮기는 미생물은 몇 마리 Kort, Remco, Martien Caspers, Astrid van de Graaf, Wim van Egmond, Bart Keijser, and Guus Roeselers. "Shaping the Oral Microbiota through Intimate Kissing." *Microbiome* 2 (2014): 41. https://doi.org/10.1186/2049-2618-2-41.

인간 게놈 프로젝트 https://www.genome.gov/human-genome-project.

전사체, 단백질체 Brown, T. A. *Genomes* 4. 4th edition. Garland Science, 2017.

마이크로바이옴 Yong, Ed. *I Contain Multitudes*. Ecco, 2016. | 《내 속엔 미생물이 너무도 많아》 (2017).

그림 출처

36쪽 (cc by-sa) Mogana Das Murtey and Patchamuthu Ramasamy
37쪽 © Hyunsook Park | 38쪽(위) © Hyunsook Park; (아래)(cc) André Karwath
39쪽 Bob Goldstein, UNC Chapel Hill | 48쪽 © Eva Nowack
52쪽 Baum, et al (2014) | 56쪽 Loron, et al (2019) | 61쪽 Gladieux, et al (2014)
63쪽 (cc by) Cambridge University Library
69쪽 Fritz-Laylin, Lord, and Mullins (2017); Zhu, W.-J. (2018)
79쪽 Eye of Science | 83쪽 (cc sa) Pilarbini
90쪽 (cc by-sa) josimda; (cc by-sa 4.0) Cmglee
92쪽 Yafetto (2018) | 99쪽 Bartnicki-Garcia and Lippman (1969)
101쪽 Bonazzi, et al (2014)
107쪽 Engraving from Micrographia, 1665, by Robert Hooke, Wellcome Collection
114쪽 Petrasch, et al (2019) | 128쪽 Francis Schwarze, Empa
138쪽 Findings(Sept 2008)/National Institute of General Medical Sciences
156쪽 (cc by-sa) Margaret McFall-Ngai; © Ed Quinto | 159쪽 © Hyunsook Park
161쪽 (cc by) Launer 1 | 167쪽 Chambless, et al (2006)
172~173쪽 US Forest Service/Department of Agriculture
184쪽 (cc by) Kirill Ignatyev | 187쪽 Hart, et al (2018)
190쪽 Great Green Wall | 195쪽 Johnson & Gilbert (2015)
197쪽 (cc by) Magellan nh
202~203쪽 BBC News, "How trees secretly talk to each other"
211쪽 (cc) Howard F. Schwartz, Colorado State University, United States; I.Sáček, senior
215쪽 Teresa Okecki/Costa Rica Vacations
225쪽 (cc by) Adam Fagen; © Matthew Sachs
231쪽 (cc by) Ryan von Linden/New York Department of Environmental Conservation
250쪽 © PradeepGaurs/shutterstock

찾아보기

마이코스피어

우리 옆의 보이지 않는 거대한 이웃, 곰팡이 세상

지은이 박현숙

1판 1쇄 발행 2022년 11월 30일
1판 2쇄 발행 2023년 2월 24일

펴낸곳 계단
출판등록 제25100-2011-283호
주소 (04085) 서울시 마포구 토정로4길 40-10, 2층
전화 070-4533-7064
팩스 02-6280-7342
이메일 paper.stairs1@gmail.com
페이스북 facebook.com/gyedanbooks

값은 뒤표지에 있습니다.

ISBN 978-89-98243-19-7 03470

이 도서는 한국출판문화산업진흥원의 '2022년 우수출판콘텐츠 제작 지원' 사업 선정작입니다.